防灾避险丛书

海啸

赵鹏飞 李吉奎 编著

南京出版传媒集团
南京出版社

图书在版编目（CIP）数据

海啸 / 赵鹏飞，李吉奎编著． — 南京：南京出版社，2016.5

（防灾避险丛书）

ISBN 978-7-5533-1113-5

Ⅰ．①海… Ⅱ．①赵… ②李… Ⅲ．①海啸－灾害防治－青少年读物②海啸－自救互救－青少年读物
Ⅳ．① P731.25-49

中国版本图书馆 CIP 数据核字（2015）第 266268 号

丛 书 名：防灾避险丛书
书　　名：海啸
作　　者：赵鹏飞　李吉奎
出版发行：南京出版传媒集团
　　　　　南 京 出 版 社
社　　址：南京市太平门街 53 号　　邮　　编：210016
网　　址：http://www.njcbs.cn　　电子信箱：njcbs1988@163.com
天猫 1 店：https://njcbcmjtts.tmall.com
天猫 2 店：https://nanjingchubanshets.tmall.com
联系电话：025-83283893、83283864（营销）　025-83112257（编务）

出 版 人：朱同芳
出 品 人：卢海鸣
责任编辑：章安宁　沈丽国
装帧设计：睿通文化
责任印制：杨福彬

印　　刷：唐山新苑印务有限公司
开　　本：787 毫米 ×1092 毫米　1/16
印　　张：10
字　　数：150 千字
版　　次：2016 年 5 月第 1 版
印　　次：2018 年 9 月第 3 次印刷
书　　号：ISBN 978-7-5533-1113-5
定　　价：29.80 元

天猫 1 店　　天猫 2 店

营销分类：科普　防灾

前言

平静的海面骤起波澜，几层楼高的巨浪冲上海岸，吞噬它所遇到的一切，房屋、汽车、树木以及来不及逃生的人们瞬间都被卷入汪洋，这就是海啸发生时的场面。

在地球上，大海的力量是不可抗拒的。海底下的暗涌波动，能够席卷整个海洋，吞噬掉整座城市，并且会留下数以万计的尸体。回溯历史，海啸造成了众多骇人听闻的灾难，一次又一次给人类带来致命的伤害。

本书将带领青少年朋友走近海啸，了解海啸产生的原因、传播过程及其特征，以及海啸来临时如何迅速采取行动自救。这样，当灾害到来时，才能将损失减到最低程度。

目录 CONTENTS

第一章
海啸是怎么发生的

我们居住的地球是一个蓝色的“大水球”，水约占地球表面积的71%，这71%的水几乎全部来自于海洋。海洋是生命诞生的摇篮，也是人类生存环境的重要组成部分。

海洋是人类赖以生存的气候调节器，是地球水循环的源头，同时海洋巨大的自净能力，每天都在为地球分解着大量的有毒物质。如果没有海洋就不会有我们蓝色的地球，也就更不会有人类绿色的家园和生存的环境。

海洋还是一个“蓝色的宝库”，为人类储备和提供了丰富的食物、药材、矿物、能源等资源。

自古以来，人类对海洋的探索、开发和利用就没有停止过。而现今，随着科学技术的不断发展以及陆地上资源的不断匮乏，海洋丰富的资源引起了人类越来越多的关注。海洋不仅是人类生活和生产不可缺少的领域，也是人类社会持续发展的希望。

海洋在造福人类的同时，也会给人类带来巨大的灾难。海啸掀起的海上大浪能够摧毁坚固的海上工程和海岸工程，掀翻过往船只，给航海、海上施工、渔业捕捞等带来灾难。海洋的狂风巨浪一旦登陆，转眼间就会摧毁城镇和村庄，吞噬生灵，淹没良田，让人们无家可归。

2004年12月26日，印度洋一场突如其来的大海啸席卷了东南亚，这场灾难给印度尼西亚、斯里兰卡、泰国、印度、马尔代夫等国家造成了巨大的人员伤亡和财产损失，遇难及失踪人员超过30万人，财产损失更是无法计算。

海啸到底是怎样发生的呢？怎样才能减少海啸的损失呢？要想解决这些问题，我们首先要认识海啸。

1.什么是海啸

海啸是一种灾难性的海浪，具有非常强大的破坏力。

“海啸”一词是由日本转译过来的，日文里写作“津波”，本意为袭击港湾的波浪。

海啸通常是由海底地震、火山爆发、海底坍陷、滑坡或者沿岸山崩、滑坡以及气象变化等因素引起的。

例如，当海底发生一次强烈的地震后，海水因地震波的动力剧烈起伏，形成强大的波浪，向前推进。在外海时，由于水深洋阔，波浪起伏不大。但当它到达海岸浅水区时，波浪骤然升高，可形成高达数十米的“水墙”，冲上陆地，形

成海啸灾害。

海啸给人类带来的灾难是非常巨大的，到目前为止，人类对海啸、地震、火山等突如其来的自然灾害，只能通过观察、预测和预防来减少它们造成的损失，还不能控制它们的发生。

2.海啸有哪些特征

我们知道，海啸是一种破坏性的海浪，它与普通海浪相比，具有以下特征。

波长长

海啸波长可达几百千米，比海洋的最大深度都大，轨道运动在海底附近也不会受到很大的阻滞，无论海洋深度如何，波一样可以传播过去。从而形成从海面到海底整个水体流动的巨大“水块”。

传播速度快

海啸波传播的速度也是非常快的，能够超过700千米每小时，甚至比飞机还快，几个小时就能横越大洋，在传播几千千米的同时能量还不会减弱太多。

在浅水水域形成巨浪

海啸的波高在海啸刚刚形成时并不大，一般不会超过2米。其在深海的传播过程中会一直保持这一高度。在开阔的海洋中，处于深水中的海啸纵使有超过几百千米的波长，但几米的一次单个波浪所产生的海表异常也是非常细微的，

再加上非常快的波速，所以海啸在深海中危险性不高。但是在它到达海湾或者浅水区时，由于地形、波浪特性的原因，前面的波浪减速，后面的波浪推过来发生重叠，因此，到岸边时，海啸波长减短而波高急剧增高，如果沿岸海底地形呈“V”字形，那么海啸掀起的海浪更高。从而形成一种携带巨大能量和强劲破坏力的巨浪。

3.什么是遥海啸和本地海啸

海啸一般分为遥海啸和本地海啸两种类型。

遥海啸

遥海啸是指横越大洋或从很远处传播来的海啸，也称为越洋海啸。

海啸波属于海洋长波，一旦在海啸发源地生成后，在没有岛屿群、大片浅滩、浅水陆架阻挡的情况下，一般可以传播数千千米而能量衰减很少，因此可能造成数千千米之遥的地方也遭受海啸灾害。如1960年智利海啸曾使数千千米之外的夏威夷、日本等地遭到遥海啸的袭击。

本地海啸

本地海啸也称为局地海啸。从地震及海啸发源地到受灾的滨海地区相距较近，海啸波抵达海岸的时间也较短，只有几分钟，多者几十分钟。在这种情况下，海啸预警时间很短或者根本无法预警，因而往往造成极为严重的灾害。

在一次海啸的发生过程中，本地海啸和遥海啸的分类并不是绝对的。比如，在2004年12月26日，印度尼西亚的苏门答腊岛附近海域发生的8.9级强烈地震，同时引发了巨大的海啸，地震的震中就是海啸波的发源地。海啸波从发源地到印度尼西亚受灾最严重的班达亚齐只用十几分钟，对于印度尼西亚来说，这就是本地海啸；但是对于印度、斯里兰卡、马尔代夫、泰国、缅甸、马来西亚等国来说，海啸波传播需要好几个小时，就属于遥海啸的范畴了。

4.海啸的形成因素有哪些

海啸发生的原因是多种多样的，包括海底地震、海底火山爆发、气象因素、海底或岸坡塌陷和滑坡、海洋核爆炸、天体坠落等。

海底地震

海底地震时，断层发生突然错动，使得海水好像被一把巨大的船桨划过似的，在海面产生长长的海浪。海浪从震源附近扩散出去，穿过海洋，到达海岸。海啸的速度随着海水深度的减小而下降。当海啸跨过深海，进入浅海水域时，能量逐渐积累，波形增大，越到浅处，波高越大。同时，海底和大陆架的地形以及海岸线的形状也影响着海浪，遇到适当

的港口，就不断激荡而成为汹涌怒号的海啸。

海啸扑到岸上，浪头最高可达数十米，其能量约有60%消耗于岸上，约40%的能量仍回到海中。

世界上绝大多数海啸都是由地震引发的。

2004年12月26日的印度洋海底地震是太平洋板块、印度洋板块及欧亚大陆板块三大板块互相碰撞的结果。所造成的海啸波，影响到整个印度洋沿海地区。这就是一个地震引发海啸的例证。但并非所有的海底地震都会引发海啸，据统计，海洋里发生的大地震能造成海啸的比例约为4%。

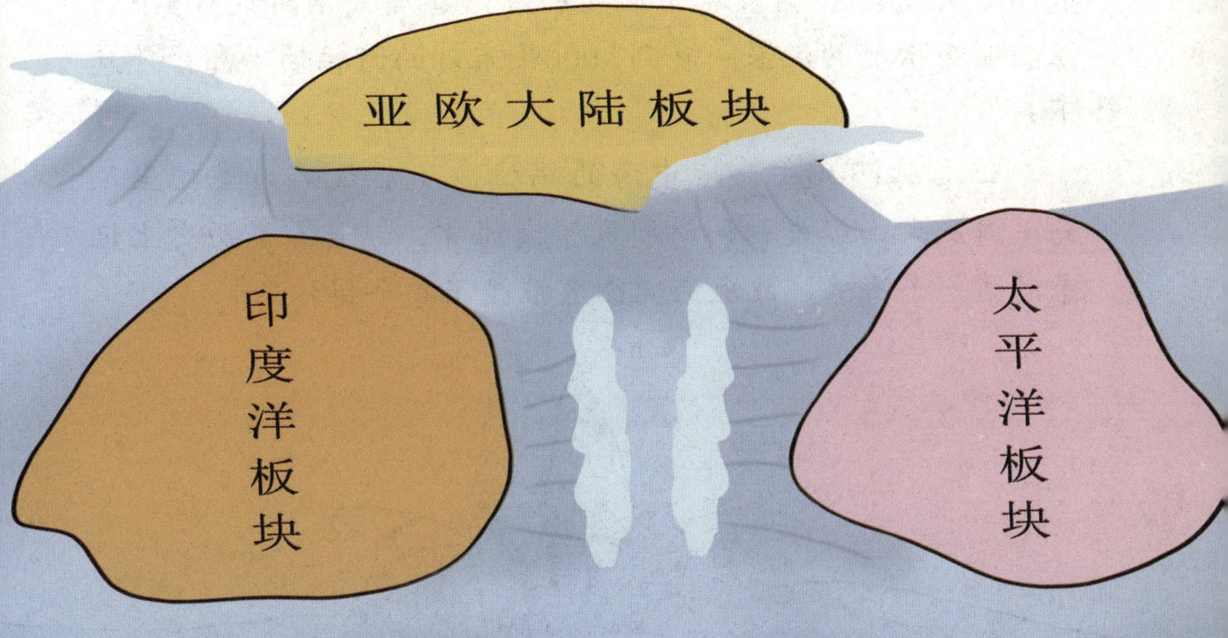

海底火山爆发

火山爆发是一种奇特的地质现象，是一种地壳运动的表现形式，也是地球内部岩浆等喷出物在短时间内从火山口向地表的释放。

由于岩浆中含大量挥发成分，加之上覆岩层的围压，使这些挥发成分溶解在岩浆中无法溢出。当岩浆上升靠近地表时压力减小，挥发成分急剧被释放出来，形成了火山喷发。

火山爆发有时也会引起海啸，特别是海底火山爆发。1883年8月，印度尼西亚的喀拉喀托火山爆发引发的海啸巨浪高达40米。海啸袭卷了爪哇和苏门答腊岛附近的165个村庄。海啸掀起的海浪一直到7 000千米外的阿拉伯半岛才停息下来。

公元前1500年，地中海的锡拉岛（后改名为圣托里尼岛）海底火山爆发，同时引发了大海啸，这是人类历史上记录的第一个海啸。此次海啸彻底摧毁了整个锡拉岛。

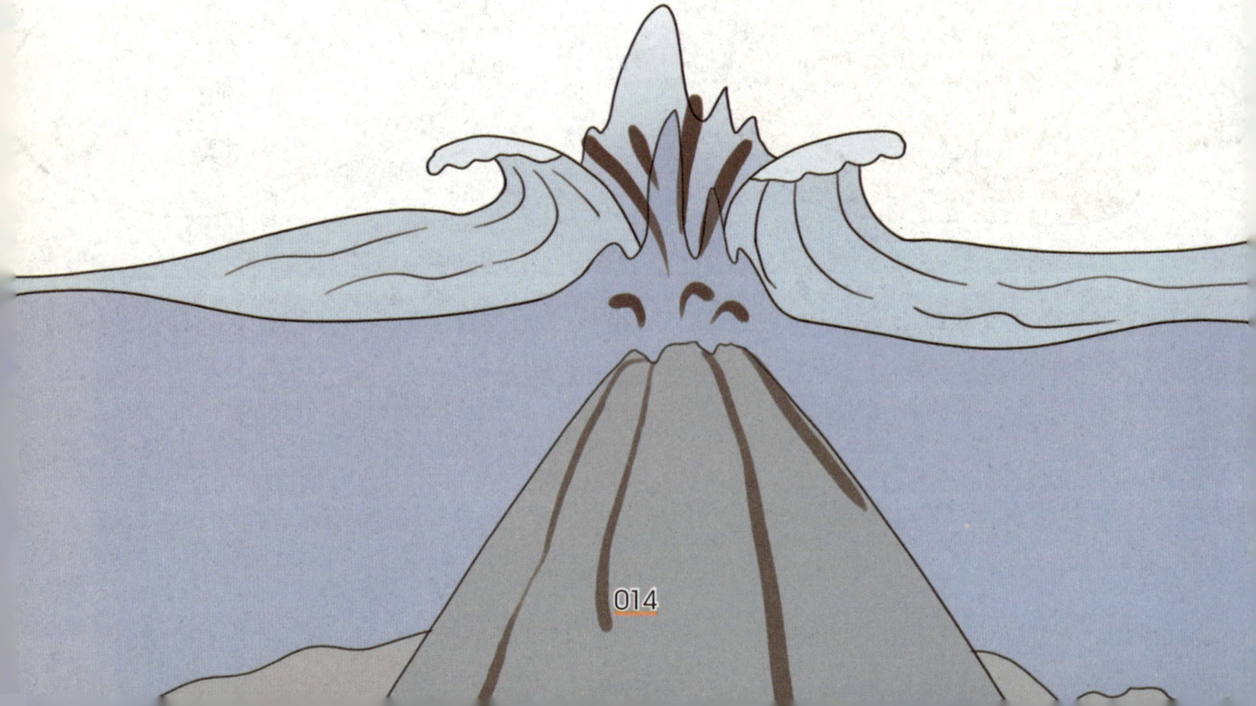

气象因素

海上的台风等极端气候也能引发海啸，这种海啸称为风暴海啸或气象海啸。

1969年7月28日，广东省汕头市牛田洋海域受特大台风侵袭，当时又正逢大潮，两种因素叠加引发了海啸，海啸卷起的巨浪高10多米，造成近万人死亡。

海岸山崩、滑坡和海底塌陷、滑坡

海岸如果发生大规模的山崩、滑坡也会引发海啸。1702年日本有明海附近的山崩引发海啸，最大波高达50米以上，造成1.5万人死亡。1958年7月9日，阿拉斯加里鲁雅湾岸边发生滑坡，激起海浪525米高，把两条小艇推到海拔500米以上的山顶。又如1964年3月3日，美国阿拉斯加州安克雷奇市南部沿海地带的悬崖滑入太平洋海湾中引发海啸，巨浪高达70米，令100多人葬身海底。

那么海底也会发生塌陷或滑坡吗？答案是肯定。其实，海洋底下和陆地差不多，有山脉、平原、高原，如果受到海底气体喷发而发生塌陷、滑坡，就会引发海啸。

近年来，研究发现，大洋中的火山岛由火山熔岩堆积而成，稳定性比较差，容易塌陷。例如，西太平洋的马克萨斯群岛、印度洋中的留尼汪岛、北大西洋的埃尔塞罗—德尔耶罗群岛、南大西洋的特里斯坦—达库尼亚群岛等都曾发生过塌陷或滑坡。

海洋核爆炸

海洋核爆炸也会引发海啸。水下核爆炸会瞬间在海洋中释放巨大的能量，使海水剧烈振荡而引发海啸。1954年，美国在比基尼岛进行核试验，激起60米高的巨浪，引发了海啸。

核爆炸引发的海啸规模大小与核爆炸所释放的总能量的大小有关，核爆炸释放的能量越大，引发的海啸也就越大。

天体坠落

如果小行星、陨石、彗星坠入海洋中，所产生的冲击能量也会引发海啸。但是其发生的概率极低，据估算，5 000年左右会发生一次。在陨石直径为1 000米，大洋水深5 000米的情况下，陨石落入海洋会引起波高100多米的海啸。

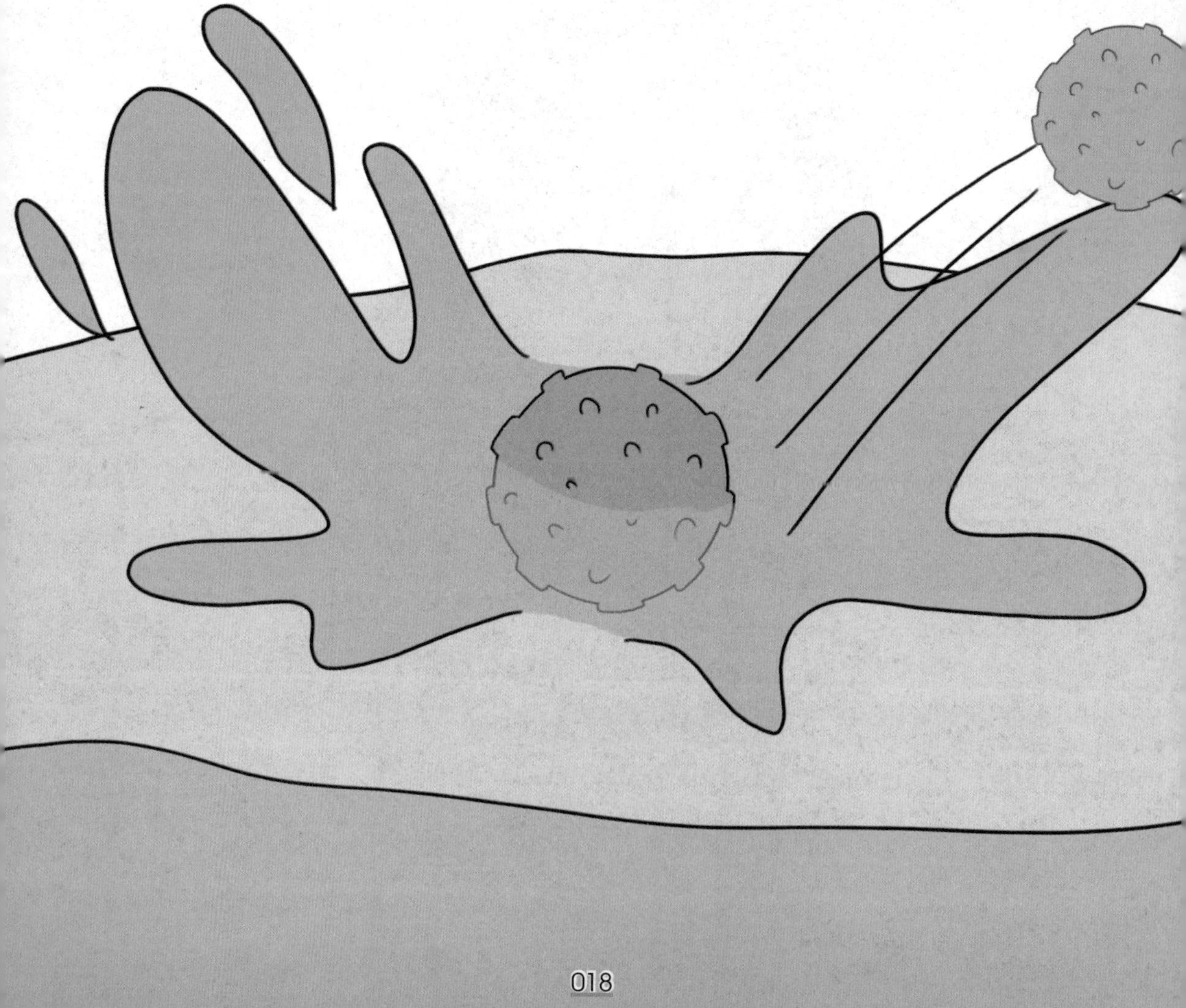

5.海啸对生态环境有何影响

海啸不仅危害人民生命财产安全，而且还严重破坏了陆地和海洋生态环境。

海啸对陆地生态环境的影响

2004年印度洋海啸，海水冲入印度尼西亚境内班达亚齐以及沿海其他一些重要城镇，有些距离海岸边1万多米以外的地方也遭到了海水侵袭。印度尼西亚农业部的有关统计资料显示，海啸冲毁了印度尼西亚境内37 000公顷的土地，其中包括一些即将丰收的田地。

海啸对陆地生态环境的影响主要表现在以下几个方面。

（1）海啸可以冲毁田地里的农作物，使房屋倒塌、家畜死亡。

（2）被海啸冲击过之后的耕地含盐分极高，需要很长一段时间用清水冲刷去盐，但是有些耕地已经很难再恢复了。

（3）海啸冲击产生的污水，严重污染了水源，造成灾区内水源严重盐化，治理之前的一段时间内这些水源全都不能饮用。

（4）工业与生活污染物随着海啸的冲击被带到土壤中，又加重了环境的污染。

海啸对海洋生态环境的影响

海啸也会对沿海的海洋生态造成重创，珊瑚礁、红树林和海洋鱼类都会受到严重的污染。珊瑚礁和红树林都是鱼类繁殖的良好环境，同时它们对沿海地区的生态环境也有重要的保护作用。

印度尼西亚巴厘岛的国际环保组织负责人指出，2004年印度洋海啸对生态造成的破坏极为明显，当地海床的水草和

红树林都受到破坏，影响最为严重的珊瑚礁需要几百年的时间才能得到恢复。

海啸退去时会把陆地上的泥土带走，还会把一些其他的残骸带回海里，这种现象被称为“浊流”。这也是科学家们最担心的。这些污浊物流入到海里后，会覆盖在沿海的珊瑚礁上。珊瑚礁是一种高度多样化、复杂的生态系统，其中最重要的环节是珊瑚虫和共生藻类，它们的生存都离不开阳光。这种陆地“浊流”附着在珊瑚礁的表面，遮住阳光，会造成珊瑚礁的毁灭。

2004年印度洋海啸发生后，印度尼西亚的地质专家考察后发现，印度尼西亚距离震中较近的部分岛屿的地形已经发生了明显的变化，尤其是锡默卢岛出现了北翘南沉的地形变化。例如，米拉乌镇到班达亚齐一带的海岸线已经下沉了1米左右，导致部分海滩的消失。这些变化对当地海洋生态环境都会产生负面影响。

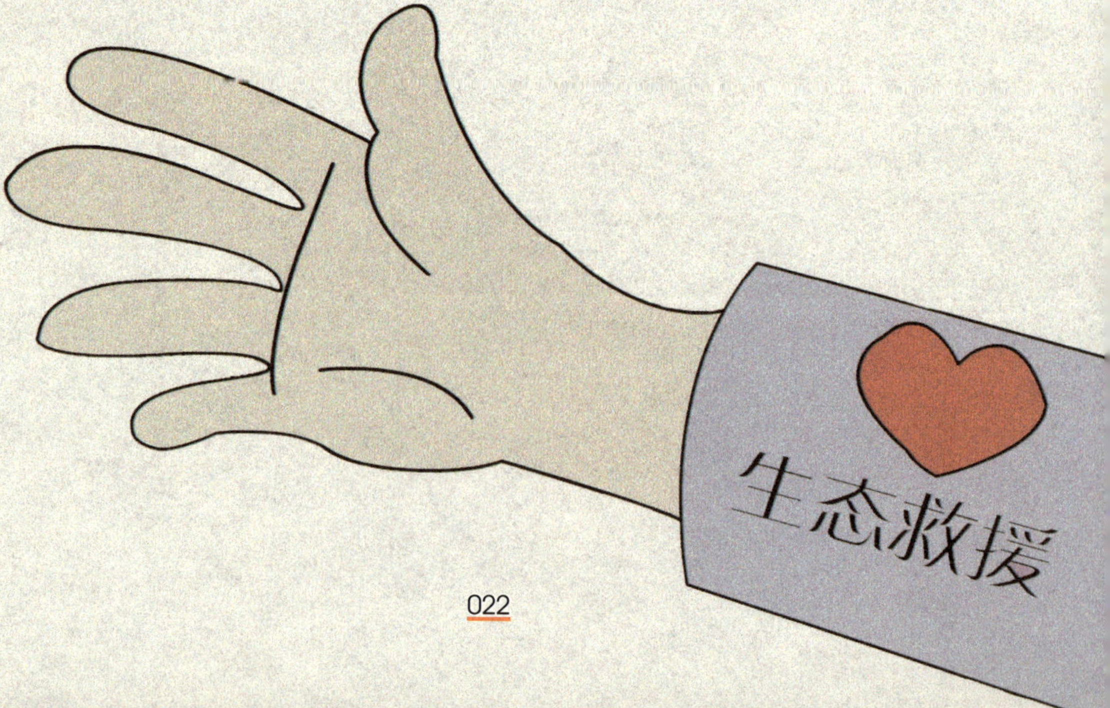

6.海啸对海洋生物有何影响

海啸灾害对海洋生物有很大的影响。我们以2004年印度洋大海啸为例。

一位印度洋生物学家在安达曼和尼科巴群岛调查生态系统的受灾情况时发现，许多种类的海龟，最年幼的一代已经被海啸带走。海龟的产卵季节一般在11月至次年1月之间，但是海啸过后，由于地壳构造运动，位于南安达曼、小安达曼和尼科巴等岛屿群的小岛都下沉了1~3米，几乎所有适合海龟等动物产卵的海滩都消失了。

除此之外，生活在安达曼群岛的儒艮（俗称美人鱼）和咸水鳄鱼，也受到了不同程度的影响。儒艮不擅长游泳，所以，在海啸发生时，很容易出现溺毙现象。海啸的影响甚至还延伸到了咸水鳄鱼栖息的小溪地区，对这些地区造成了严重的破坏。

7.环境恶化会加重海啸造成的损失吗

科学家指出，人类许多违背自然规律的做法是加重海啸造成的损失的重要原因，具体来说，主要表现在以下两方面。

海边生态被破坏

人类盲目地开发海岸，比如，围海造田、海边修路、圈海养鱼等行为使得沿海珊瑚礁、湿地等自然生态环境遭到破坏，导致抵御海啸的能力下降，进而加重了海啸造成的损失。

全球变暖的恶果

现代工业对化石燃料的过度依赖，大量二氧化碳等温室气体进入大气层，加剧了全球气候变暖的趋势。全球气温升高使两极的冰层不断融化，全球海平面逐年升高，海岸不断被海水侵蚀。

全球变暖是海洋中大风暴产生的重要原因，这意味着海洋中发生风暴的概率增加，由风暴潮引起的海啸会增多。

第二章
海啸与地震

众所周知，绝大多数的海啸都是由地震引起的，由地震引发的海啸，我们称为地震海啸。海底发生地震时，海底突然变形，使海水从海底到海面整体发生大的涌动，从而形成海啸。因此，想要了解海啸，首先要了解地震。

1.地球内部是什么样子

地球内部构造是无法用眼睛或者器械观测到的，那么地球内部结构是怎样得到的呢?

当地震发生时，地下岩石受到强烈冲击，产生弹性波，并以波的形式向四周传播。这种弹性波叫做地震波。到目前为止，关于地球内部的知识，主要来自对地震波的研究。

1909年，奥地利地震学者莫霍洛维奇意外地发现，地震波在传到地下50千米处有折射现象发生。他认为，这个发生折射的地带，是一个不同物质的分界面。1914年，德国地震学者古登堡发现，在地下2 900千米深处，存在着另一个不同物质的分界面。后来，人们为了纪念他们，就将两个面分别命名为“莫霍界面”和“古登堡界面”。

后来，人们根据这两个面把地球分为地壳、地幔和地核三个圈层。如果把地球比作一个鸡蛋，地核就相当于蛋黄，地幔就相当于蛋白，地壳就相当于蛋壳。

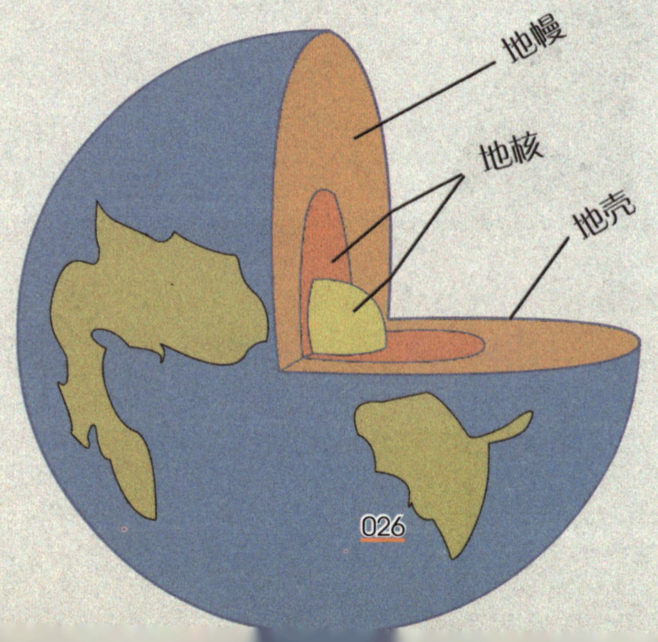

地壳

地壳是地球球层结构的最外层。地壳很坚硬，由岩石组成。它的厚度并不像蛋壳那样均匀，而是差别比较大，厚5～70千米，陆地部分平均厚33千米，青藏高原地壳厚达70千米，而海洋部分地壳厚度平均只有7千米。地壳厚度的变化规律是：地球大范围固体表面的海拔越高，地壳越厚；海拔越低，地壳越薄。地壳的物质组成除了沉积岩外，基本上是花岗岩、玄武岩等。

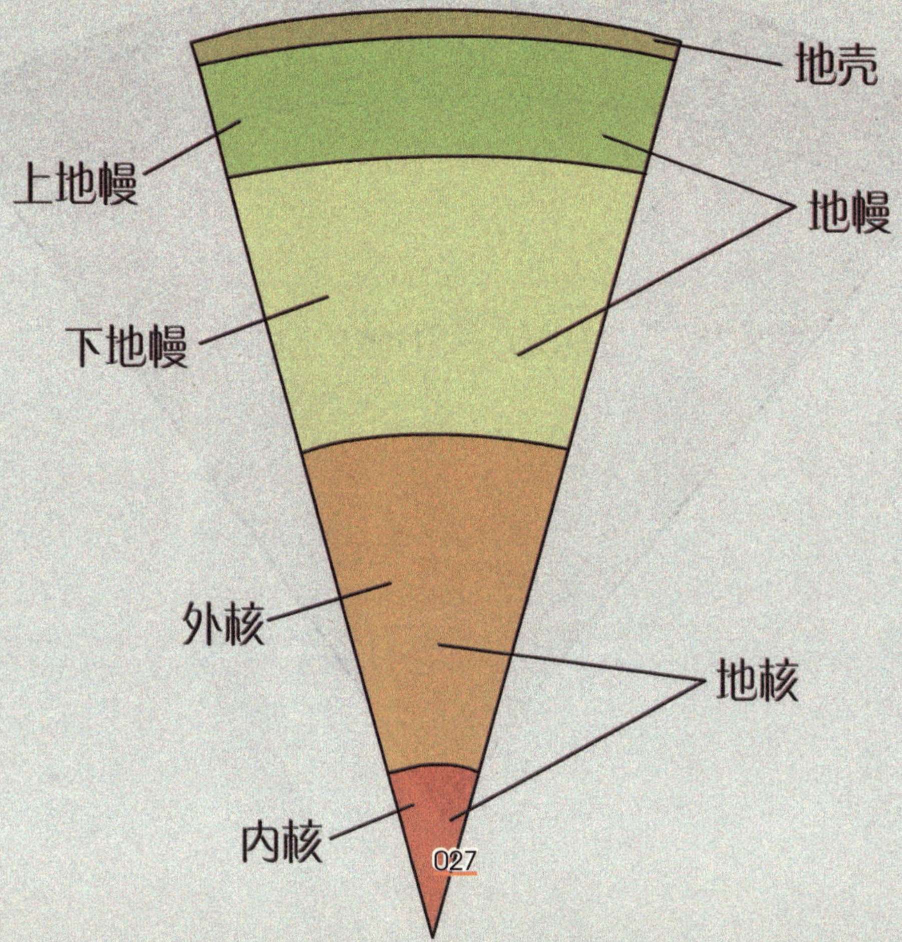

地幔

地幔是介于地表和地核之间的中间层，厚度将近2 900千米，主要由致密的造岩物质构成，这是地球内部体积最大、质量最大的一层。它的物质组成具有过渡性。靠近地壳部分，主要是硅酸盐类的物质；靠近地核部分，则同地核的组成物质比较接近，主要是铁、镍金属氧化物。

地幔又可分成上地幔和下地幔两层。一般认为上地幔顶部存在一个软流层，是放射性物质集中的地方，由于放射性物质分裂的结果，整个地幔的温度都很高，大致在1 000℃~3 000℃之间，这样高的温度足可以使岩石熔化，这里是岩浆的发源地。

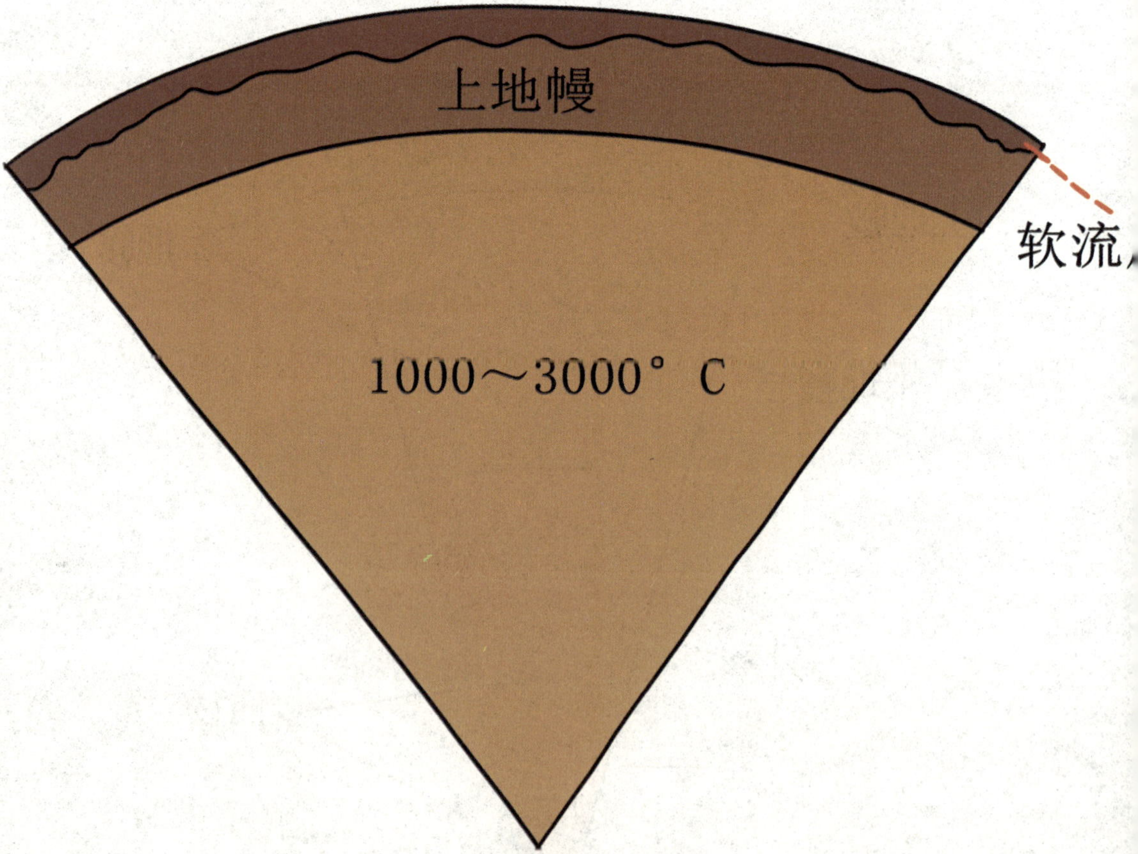

地核

地核半径约3 471千米，由内核、外核和它们之间的过渡层组成。外核可能是液态物质，内核则是固态物质，是一个温度很高、密度很大、由铁、镍构成的金属核。

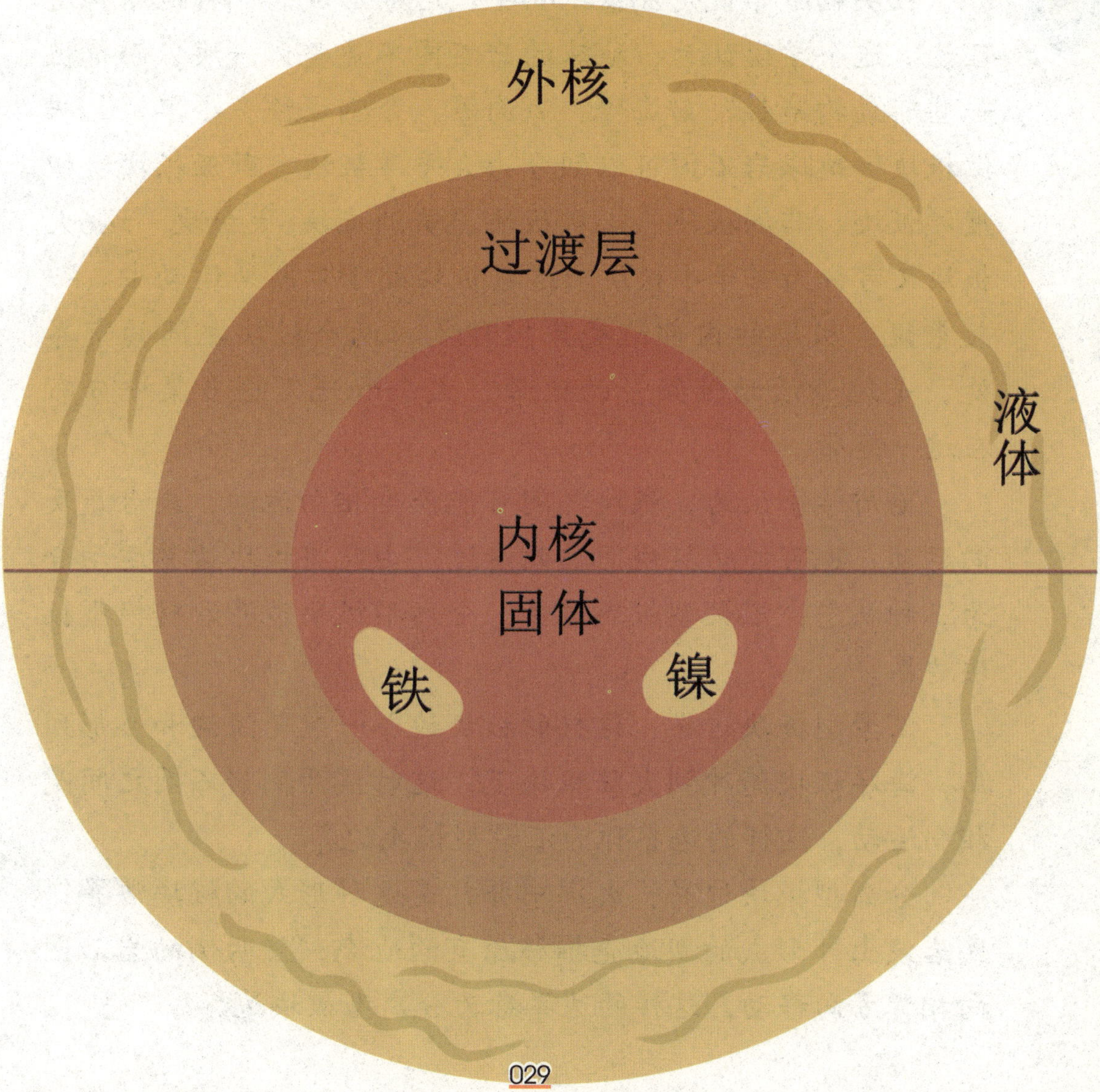

2.板块构造学说是怎么回事

地壳是不断变化的，地壳表面形态也在不断变化着。地球上沧海桑田的变化，千姿百态的地表形态，都是地壳变动的结果。长期以来科学家们一直在探索有关地壳运动的奥秘，并且对地壳的组成提出了几种不同的理论。目前比较盛行的是板块构造学说。

板块构造学说是20世纪60年代后期形成的一种地球构造理论。这个学说认为，地球的岩石圈不是整体一块，而是被一些断裂构造带，如海岭、海沟等，分割成许多小单元，叫做板块。地球岩石圈可以划分为太平洋板块、欧亚板块、印度洋板块、非洲板块、南极板块、美洲板块6大板块。这6大板块又可分为若干小板块。这些板块处于不断地运动中。一般来说，板块的内部地壳比较稳定，两个板块之间的交界处，是地壳活动较频繁的地带，火山和地震也多集中分布在这一地带。

地质学家认为，板块之间可能产生相向运动，或者是反向运动，也可能是板块间彼此滑过。由此将板块边界运动分为三种状态：汇聚型板块边界、分离型板块边界和转换型板块边界。

汇聚型板块边界：这样的板块边界一般是海沟和弧形列岛，海洋板块俯冲到大陆板块下，这时候两侧岩石圈之间是相向运动，这样的边界称为汇聚型板块边界。

分离型板块边界：大洋中脊就是这种形式的板块边界，因岩浆上升形成的新地壳推移原有的地壳，使两侧的岩石圈向相背方向移动，这样的边界称为分离型板块边界。

转换型板块边界：两侧岩石圈呈相对平移运动，其间没有新地壳的产生，也没有冲撞和消减，这就是转换型板块边界。例如，北美板块与太平洋板块间的圣安地烈斯断层。

板块相对移动而发生的彼此碰撞或张裂，形成了地球表面的基本面貌。

在板块张裂的地区，常形成裂谷或海洋。如东非大裂谷、大西洋就是这样形成的。在板块相撞挤压的地区，常形成山脉。

当大洋板块和大陆板块相撞时，大洋板块因位置较低，俯冲到大陆板块之下，这里往往形成海沟；大陆板块受挤上拱、隆起形成孤岛和海岸山脉。在两个大陆板块相撞处，则形成巨大的山脉。喜马拉雅山脉就是亚欧板块和印度洋板块碰撞产生的。

地球上海陆的形成和分布、陆地上大规模的山系、高原和平原的地貌格局，都是地壳板块运动的结果。

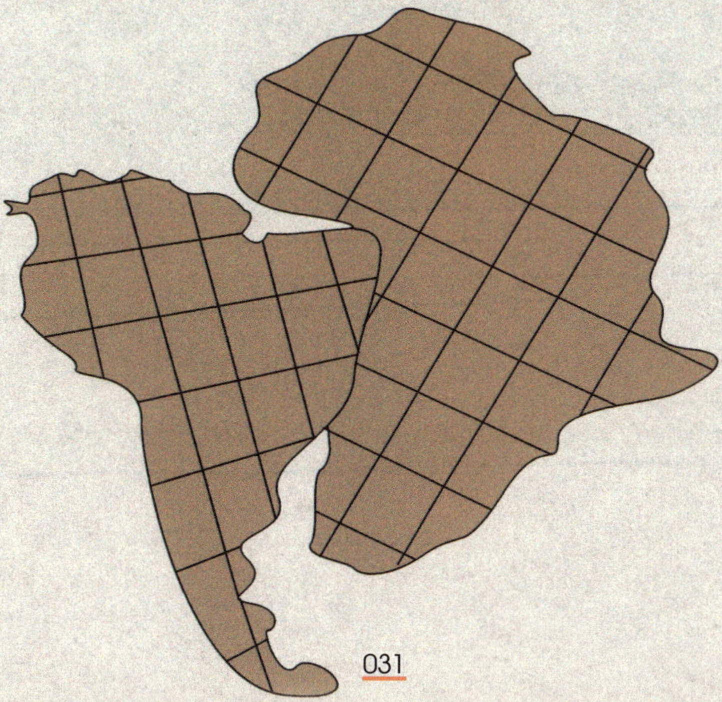

3.地震是怎么发生的

地震就是大地发生强烈而突然的震动，又称地动、地震动，是地壳快速释放能量过程中造成的震动，期间会产生地震波的一种自然现象。

地球上板块与板块之间相互挤压碰撞，造成板块边缘及板块内部产生错动和破裂，是引起地面地震的主要原因。地震发生时，时间非常短暂，瞬间即逝。一次大地震能释放出巨大的能量，并且会伴随强烈的断层错动和地面变形，在很短的时间内会造成巨大的损失。地震常常会造成严重人员伤亡，能引起火灾、水灾、有毒气体泄漏、细菌传播及放射性物质扩散，还可能造成海啸、滑坡、崩塌、地裂缝等次生灾害。

地震开始发生的地点称为震源，震源在理论上抽象地表现为一个点，它实际上是一片区域。震源正上方的地面称为震中。震源到地面的垂直距离称为震源深度。震源深度小于60千米的地震，称为浅源地震，世界上绝大多数地震都是浅源地震。震源深度为60~300千米的地震称为中源地震。震源深度大于300千米的地震称为深源地震。同样大小的地震，震源越浅，所造成的破坏越严重。

据统计，地球上每年约发生500多万次地震，即每天要发生上万次地震。其中绝大多数太小或太远以至于人们感觉不到。真正能对人类造成严重危害的地震每年大约有一二十次，能造成特别严重灾害的地震大约有一两次。

人们感觉不到的地震，测震的仪器可以记录下来，不同类型的地震仪能记录不同强度、不同远近的地震。世界上运转着数以千计的各种地震仪，日夜监测着地震的动向。

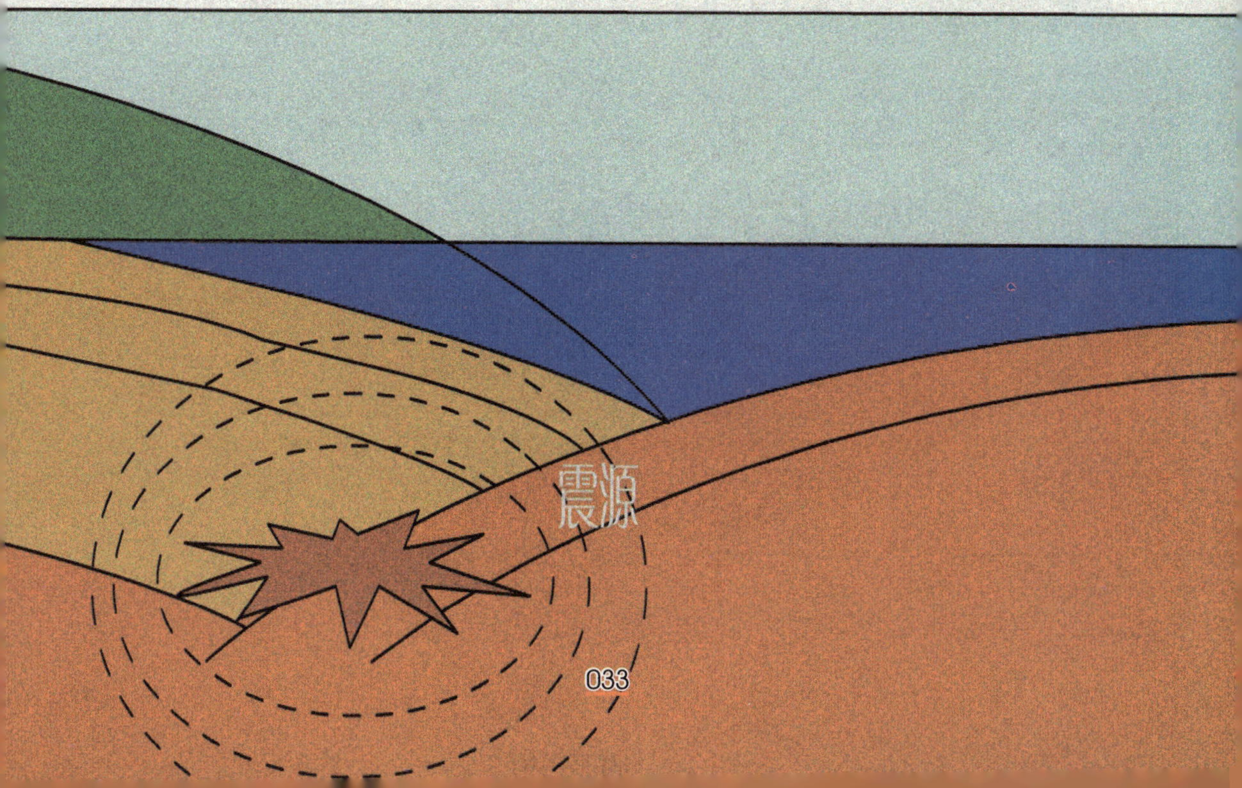

4.地震等级用什么来划分

地震有强有弱，用什么来衡量地震的大小呢？科学家对衡量地震有自己的一把“尺子”。衡量地震大小的“尺子”叫做震级。震级与震源释放出来的弹性波能量有关，它可以通过地震仪器的记录计算出来，地震越强，震级越大。

我们用地震仪测定的、每次地震活动释放的能量多少来确定震级。我国目前使用的是国际上通用的里氏分级作为震级标准，共分九个等级。在实际测量过程中，震级是根据地震仪对地震波的记录计算出来的。

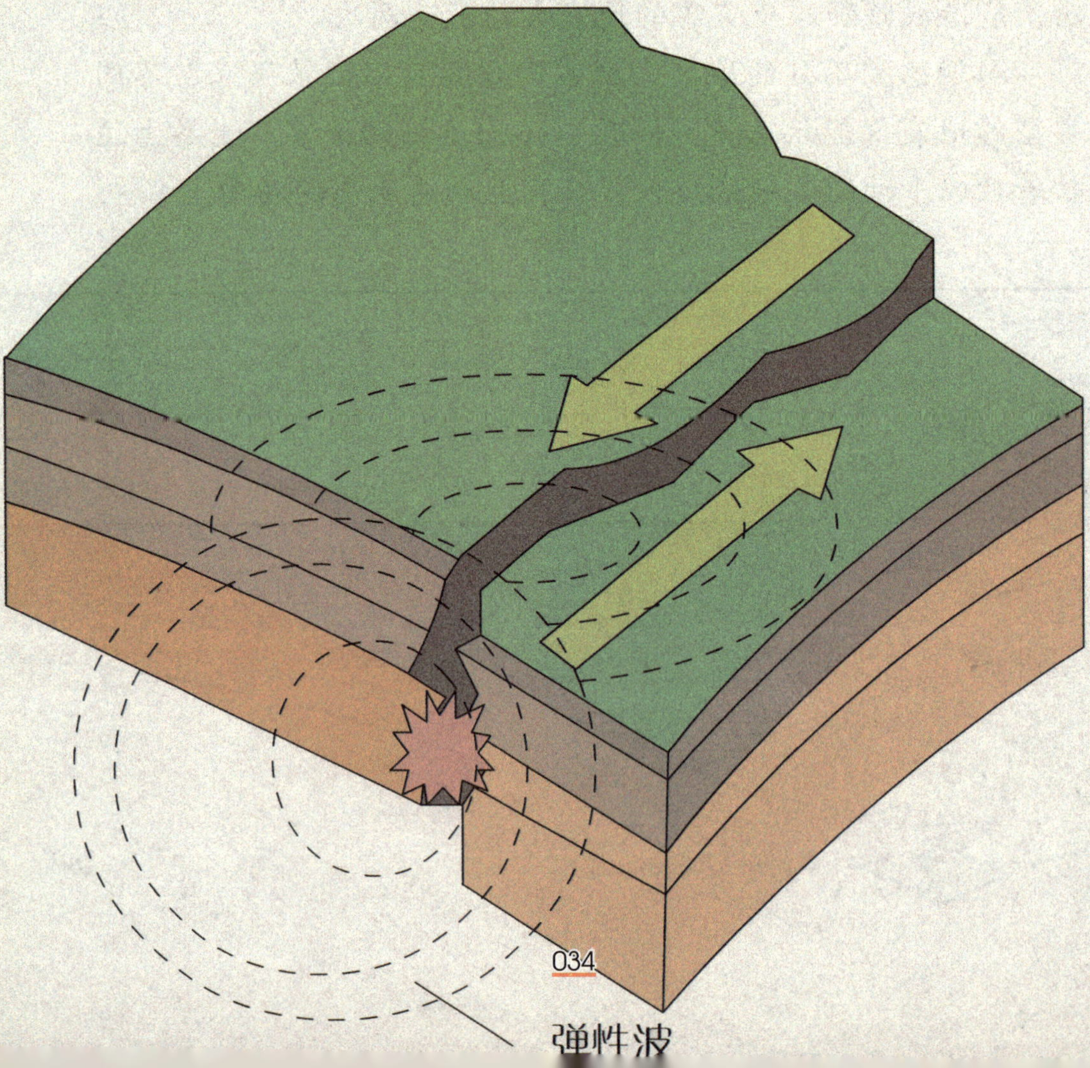

震级通常用字母M表示，它与地震所释放的能量有关，是表征地震强弱的量度。你能想象一个6级地震释放的能量有多大吗？它相当于美国投掷在日本广岛的原子弹所具有的能量，是不是很可怕？震级每相差1级，能量就会相差大约32倍；每相差2级，能量就会相差约1 000倍。换句话说，一个6级地震就相当于32个5级地震，而一个7级地震就相当于1 000个5级地震。目前世界上最大的地震的震级为8.9级，你可以想象它释放的能量有多大。

按震级大小我们可以把地震划分为以下几类：震级小于3级称为弱震。如果震源不是很浅，弱震一般不会被觉察。震级等于或大于3级、小于或等于4.5级称为有感地震。有感地震人们能够察觉，但是一般不会造成破坏。震级大于4.5级、小于6级称为中强震。中强震会造成破坏，但破坏程度还与震源深度、震中距等多种因素有关。震级等于或大于6级称为强震。巨大地震震级大于等于8级。震级越小的地震，发生的次数就会越多；震级越大的地震，发生的次数就会越少。一说到地震人们就会毛骨悚然，其实地球上的有感地震很少，仅占地震总数的1%，中强震、强震就更少了，所以没必要杞人忧天。

5.地震烈度是怎么划分的

同一次地震，在不同的地方造成的破坏不一样；震级相同的地震，造成的破坏不一定相同。那我们用什么来衡量地震的破坏程度呢？科学家们又“制作”了另一把“尺子”——地震烈度来衡量地震的破坏程度。

地震在地面造成的实际影响称为烈度，它表示地面运动的强度，也就是我们平常所说的破坏程度。震级、距震源的远近、地面状况和地层构造等都是影响烈度的因素。同一震级的地震，在不同的地方会表现出不同的烈度。烈度是根据人们的感觉和地震时地表产生的变动，还有对建筑物的影响来确定的。一般情况下仅就烈度和震源、震级之间的关系来说，震级越大震源越浅，烈度也就越大。

一般情况下，一次地震发生后，震中区的破坏程度最严重，烈度也最高，这个烈度叫做震中烈度。从震中向四周扩

展时，地震烈度就会逐渐减小。例如，1976年河北唐山发生的7.8级大地震，震中烈度为11度，受唐山地震的影响，天津地震烈度为8度，北京市地震烈度为6度，再远到石家庄、太原等地就只有4~5度了。

一次地震可以划分出好几个烈度不同的地区。我国把烈度划分为12度，不同烈度的地震，其影响和破坏力也不一样。下面我们来看看不同烈度地震的大致表现。

烈度小于3度人们感觉不到，只有仪器才能记录到；烈度为3度在白天喧闹时感觉不到，如果是夜深人静时人能感觉到；烈度为4~5度吊灯会摇晃，睡觉的人会惊醒；烈度为6度时器皿会倾倒，房屋会受到轻微损坏；烈度为7~8度地面出现裂缝，房屋会受到破坏；烈度为9~10度房屋倒塌，地面会受到严重破坏；烈度为11~12度地面会遭到毁灭性的破坏。

6.地震的成因有几种

地震的种类划分有很多种：根据发生位置可以分为板缘地震和板内地震，根据震动性质可以分为天然地震和人工地震，根据震源深度可以分为浅源地震、中源地震和深源地震等等。下面我们主要介绍按地震成因分类的几种类型。

构造地震

构造地震是由地壳运动引起地壳构造的突然变化，岩层断裂发生变位错动而发生的地壳震动，也就是人们通常所说的地震。

地球不停地运动变化，从而使内部产生巨大的力，这种作用在地壳单位面积上的力，称为地应力。在地应力长期缓慢的作用下，地壳的岩层发生弯曲变形，当地应力超过岩石本身所能承受的范围时便会使岩石错动断裂，其巨大的能量突然释放，以波的形式传到地面，从而引起地震。世界上90%以上的地震属于构造地震。强烈的构造地震破坏力非常大，是人类预防地震灾害的主要对象。

火山地震

火山地震是由火山爆发所引起的能量冲击而产生的地壳震动。火山地震一般较小，造成的破坏也极小，地震所波及的地区通常只限于火山附近的几十千米远的范围内，而且发生次数也较少，只占地震总数的7%左右。

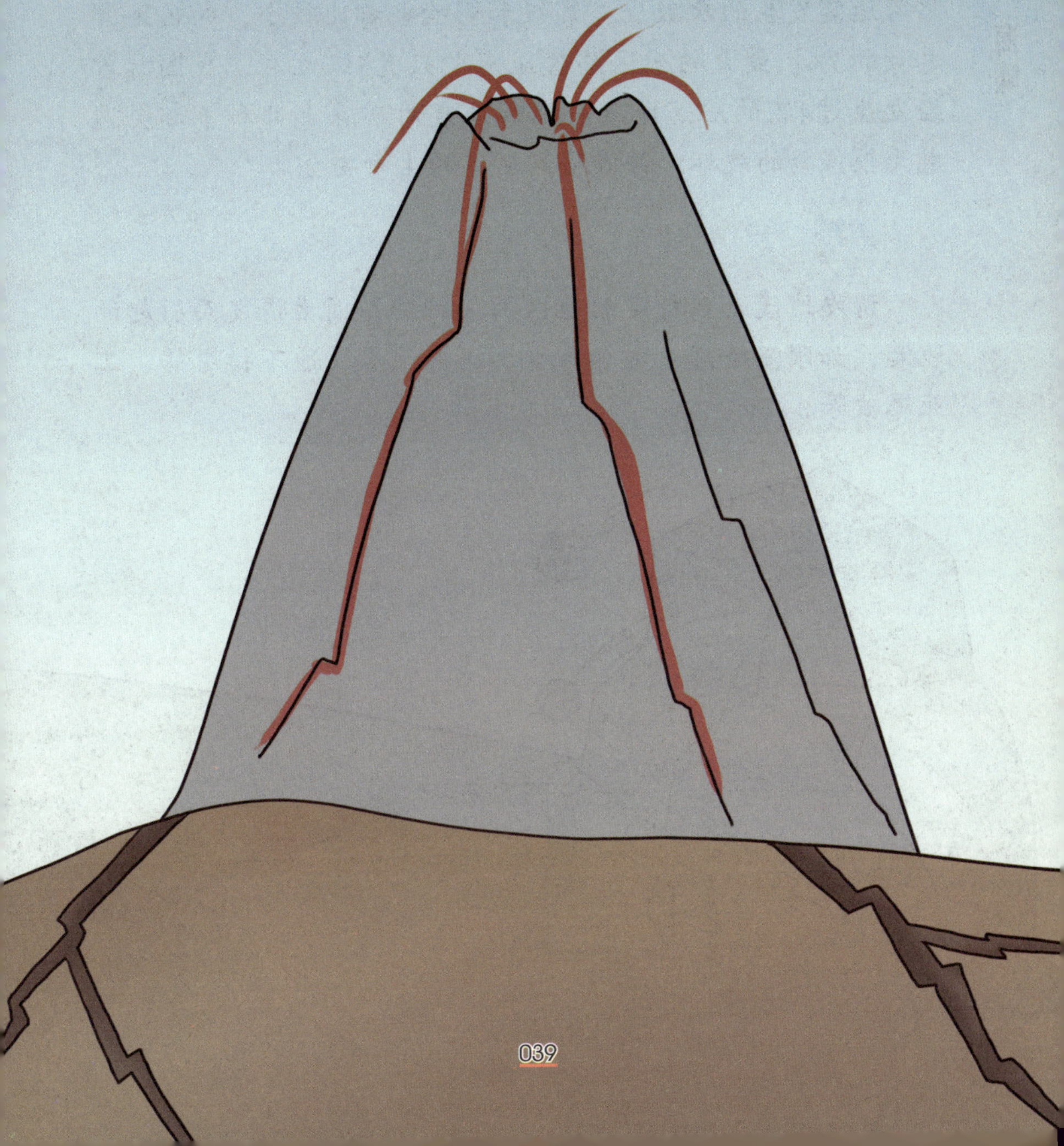

陷落地震

陷落地震是由于地层陷落引起的地震。一般是因为地下水溶解了可溶性岩石，使岩石中出现空洞，空洞随着时间的推移不断扩大，或者由于地下开采矿石形成了巨大的空洞，最终造成了岩石顶部和土层崩塌陷落，从而引起地面震动。陷落地震发生的次数少，震级和影响也都比较小，约占地震总数的3%。最大的矿区陷落地震也只有5级左右，我国就曾经发生过4级的陷落地震。陷落地震对矿井上部和下部会造成比较严重的破坏，并威胁到矿工的生命安全。

诱发地震

诱发地震是在特定的地区因某种外界因素诱发而引起的地震，如陨石坠落、水库蓄水、深井注水、地下核爆炸、工业爆破等。

7.地球上主要地震带有哪些

据统计，全球有85%的地震都发生在呈带状分布的一些特定板块边界上，我们把这些地震集中分布的地带称为地震带。由此我们可以看出地震的分布是有规律的，在地震带内地震密集，在地震带外，地震分布零散。世界上主要有三大地震带，即环太平洋地震带、欧亚地震带和大洋中脊地震带。

环太平洋地震带

环太平洋地震带像一个巨大的环，围绕着太平洋分布，沿北美洲太平洋东岸的美国阿拉斯加向南，经加拿大、美国加利福尼亚和墨西哥西部地区，到达南美洲的哥伦比亚、秘鲁和智利，然后从智利转向西，穿过太平洋抵达大洋洲东边界附近，在新西兰东部海域折向北，再经斐济、印度尼西亚、菲律宾、中国的台湾省、琉球群岛、日本列岛、阿留申群岛，回到美国的阿拉斯加，环绕太平洋一周，也把大陆和海洋分割开来。这里是全球分布最广、地震最多的地区，世界上80%的地震都发生在这里。

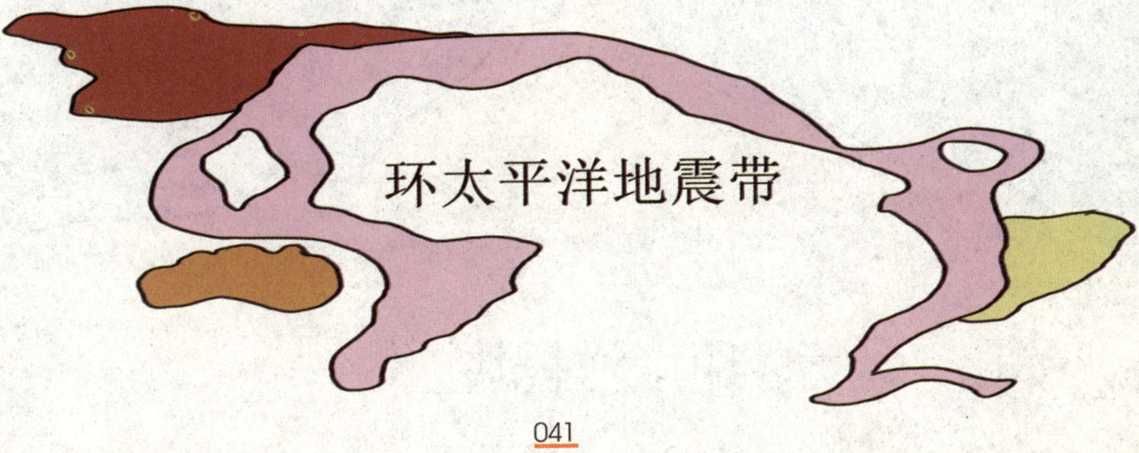

亚欧地震带

亚欧地震带横贯亚欧大陆南部、非洲西北部，它是全球第二大地震带。这个地震带全长2万多千米，跨欧、亚、非三大洲。主要分布于亚欧大陆，从印度尼西亚开始，经中南半岛西部和我国云、贵、川、青、藏地区，以及印度、巴基斯坦、尼泊尔、阿富汗、伊朗、土耳其到地中海北岸，一直延伸到大西洋的亚速尔群岛。

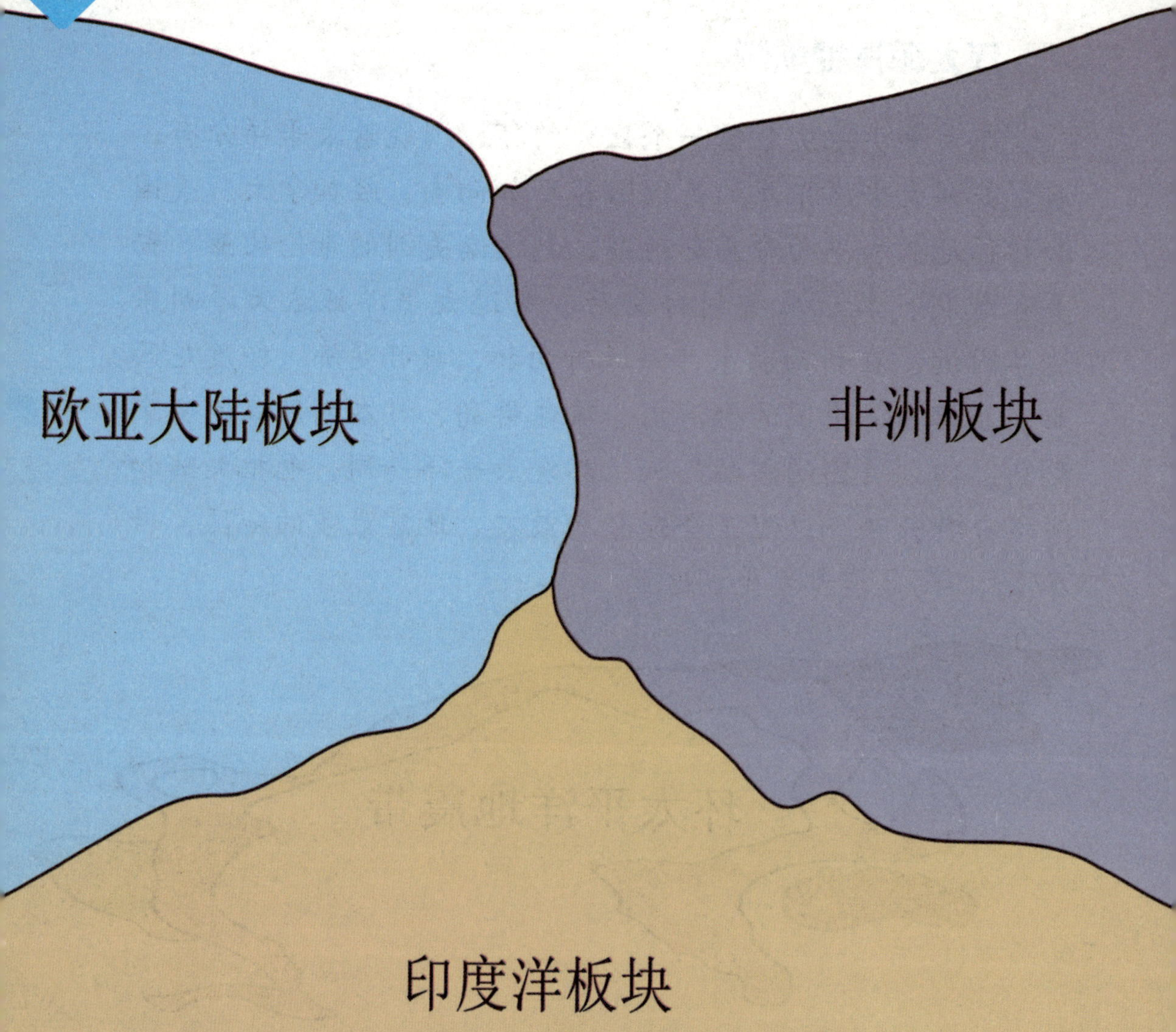

中国正处于环太平洋地震带和欧亚地震带，这两个地震带都十分活跃，同时又都位于几大板块的边缘，受太平洋板块、印度板块和菲律宾板块的挤压，地震断裂带十分发达，主要地震带就有23条，这里最常发生破坏性的地震和少数深源地震。

大洋中脊地震带

大洋中脊地震带沿着大洋中脊分布在太平洋、大西洋、印度洋中的海岭（海底山脉）。此地震带蜿蜒于各大洋中间，几乎彼此相连。总长约65 000千米，宽为1 000~7 000千米。大洋中脊地震带的地震活动性较之前两个带要弱得多，而且均为浅源地震，尚未发生过特大的破坏性地震。

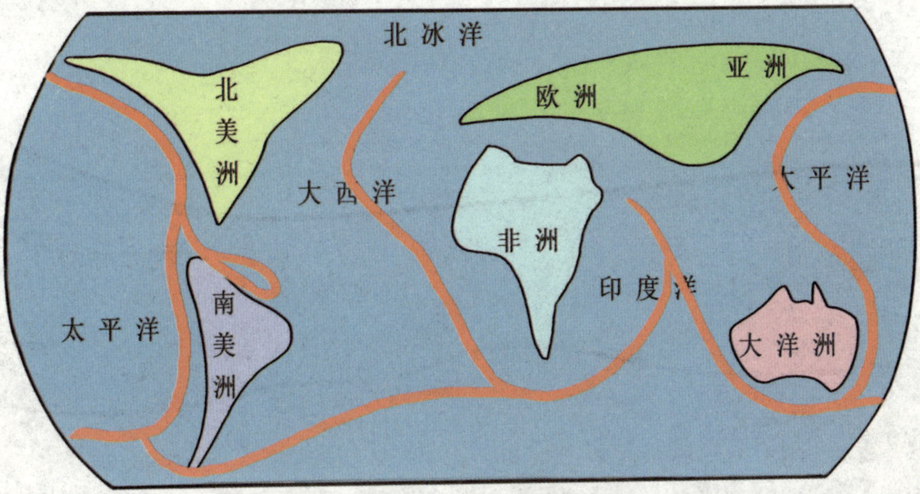

大洋中脊地震带

8.地震海啸的引发条件是什么

当地震发生在海底，就可能会引发海啸。但并不是所有发生在海底的地震都会引发海啸，地震引发海啸需要一定的条件，主要包括：地震发生形式、海水深度、震源深度和里氏震级、地形条件等。

地震发生形式

能够引发海啸的地震需要释放的能量能将大量海水突然抬起或下降，然后扩散至周围，造成整体海水（从海面到海底）的波动。

就断层错动方式而言，垂直错动易触发海啸，因为断层强烈的垂直上下运动会带动地面和海面产生强烈浪涌，从而使震荡波以不断扩大的圆圈形式向远距离扩散，从而形成海啸。如果断层方向呈水平错动，则不易触发海啸。2004年12月26日的印度洋海啸就是由断层强烈的垂直上下运动引发的。

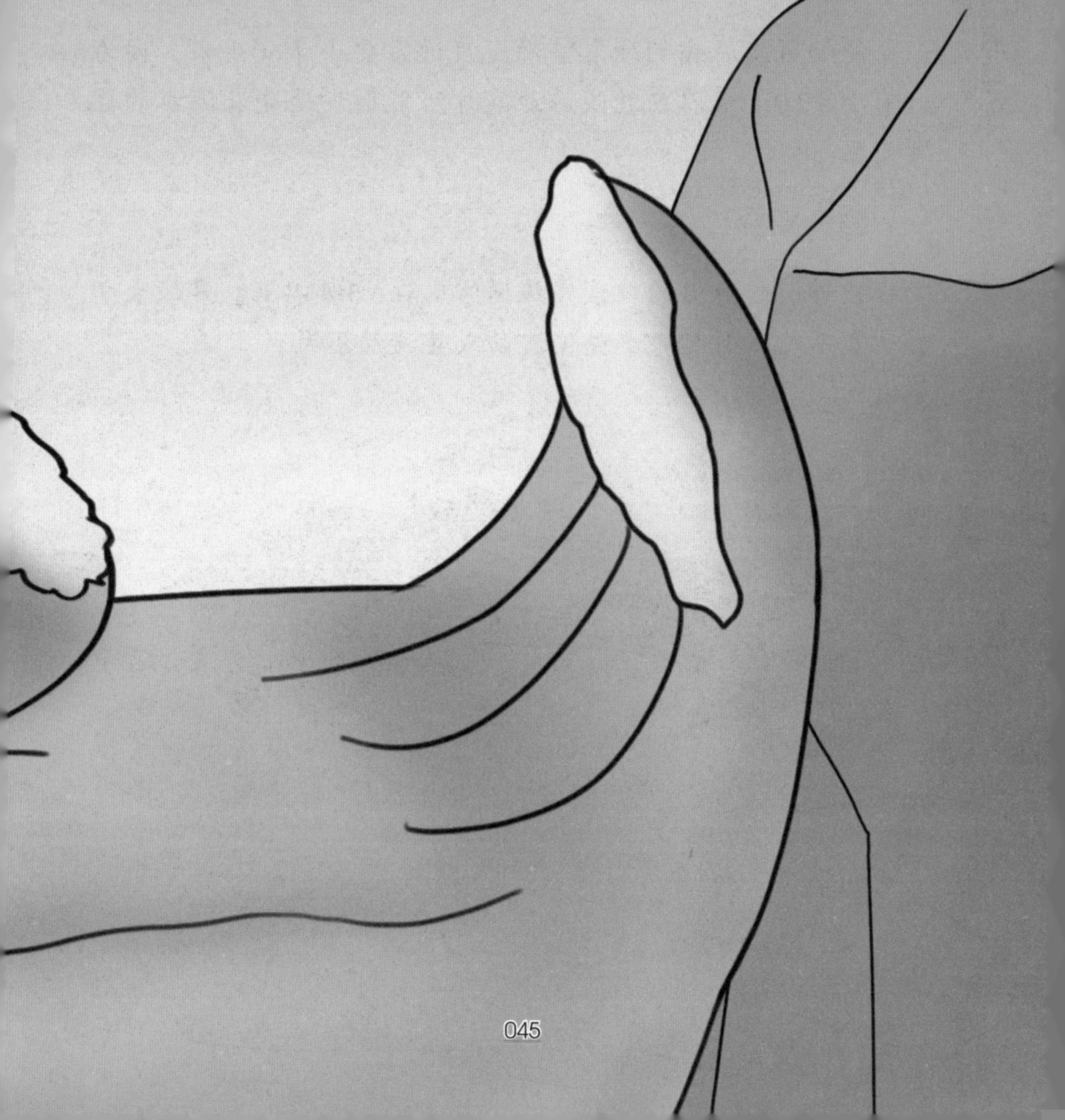

海水深度

通常只有海水深度在几百米至几千米的深海中发生地震，并有引发海水整体波动才可能形成海啸。而海水深度小于几百米的浅海发生地震引发海啸的可能性很小。

震源深度

能够引发海啸的地震震源深度通常要小于60千米，因为只有小于60千米以内的浅源地震才可能引发地壳及海水的巨大变化。

里氏震级

能够引起海啸的地震震级通常需在6.5级以上。震级太小的地震不足以引起海水整体波动或其波动不大。

地形条件

地震引发海啸以后，海啸在大海中传播时，虽然能量巨大，但这时海水整体传播，能量分散至广阔无边的海面上，海上行驶的船舶甚至觉察不到海啸的存在，也不会对船舶造成损坏。但是，一旦海啸进入地形较狭窄的港湾时，能量集中在一起而得不到分散的话，就会形成十到几十米高的“水墙”，并冲向海岸，对沿岸的村落、居民、建筑、设施，以及港湾内的船舶等造成巨大的伤害。不过，如果震中在离海岸很远处，比如，几百千米以外时，当海啸到达浅海区域时，海底地形的变化对海啸能量起到了一定的削减作用，海啸的破坏力逐渐减少，到达海岸时几乎消耗殆尽。这就是地形的影响。

9.地震海啸的发生形式有几种

地震海啸在发生地震时，海底地形的变动有两种形式：下降型海啸和隆起型海啸。这两种形式都会引起海水整体波动，形成能量巨大的海啸。

下降型海啸

在地震发生时，海底地壳大范围下陷，海水蜂拥而至，向下陷的地方聚集。但是，地壳下陷并不是无休止的，当下陷停止，海水突然受到阻力，就像某种东西飞速前进，忽然撞上一个固体，那么这个东西必然会被弹出去，海水运动也如此：翻回海面的海水产生压缩波，形成长波大浪，并向四周传播与扩散，进而形成海啸。了解下降型海啸的这种现象，可以让我们提前预知海啸：在海岸边发现异常退潮现象时，一般都是由于这种下降型的海底地壳运动而形成的。这也告诉人们，海啸即将来临，必须立刻逃生。

隆起型海啸

地震有时会造成海底地壳大范围上升，海水也随之抬升，并在隆起区域上方出现大规模的海水积聚，接着在重力作用下，向四周扩散开去。这就形成了汹涌的巨浪，一般这种海啸来临前都会出现异常涨潮现象。

10.地震海啸的世界分布

哪些地方是海啸灾害多发区？海啸灾害的发生频度如何？了解了这些常识，才能有针对性地进行预防，以减轻灾害造成的各种损失。

世界上容易发生海啸的地区是太平洋一带。具体来说，包括南美、中美、北美沿海一带，以及亚洲的日本列岛、菲律宾群岛都是海啸的多发区。

据统计，20世纪太平洋发生的地震海啸约占全球地震海啸的85%，其中，破坏性海啸平均一年一次。而大西洋、印度洋、地中海、黑海等海域发生的地震海啸只占全球地震海啸的15%。

太平洋地区地震海啸最频繁的地区是日本列岛。这里发生地震海啸的次数约占全球地震海啸的23%。日本是全球发生地震海啸最多并受害最深的国家。

太平洋地区为何会频繁发生地震海啸呢？原来，太平洋地区有很多很深的大海沟，比如，阿留申海沟、千岛海沟、日本海沟等，这些海沟容易发生地震，并常常引发海啸。

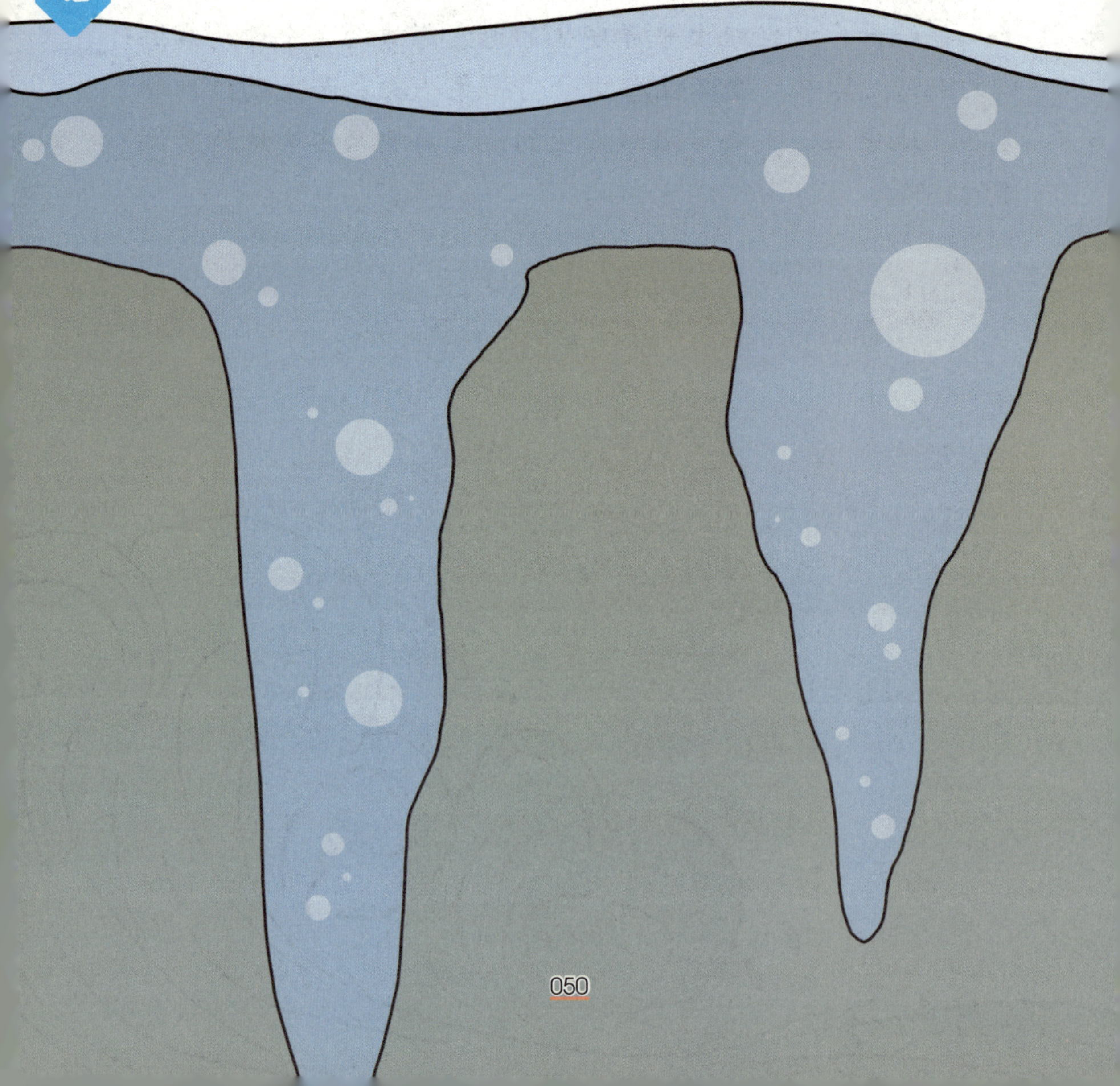

11.中国海区是地震海啸多发区吗

中国地处太平洋西岸，濒临环太平洋地震带，东面又邻发生地震海啸比较多的国家——日本。那么，这些因素会不会给中国造成不利影响，使中国海区也成为海啸的多发区？

根据历史资料记载，从公元初到现在2000多年的时间里，中国海区仅仅发生过10次地震海啸，平均约200年才出现一次。从1969年到1978年，山东渤海、广东阳江、辽宁海城、河北唐山曾发生四次震级均在6级以上的大地震，但是都没有引发海啸。这说明中国沿海很少发生地震海啸。

这主要是由于中国海区的地理形势造成的。中国海区大都处于大陆架上，地势坡度很小，水较浅，一般都在200米以内。在地质构造上，也很少出现大断裂层和断裂带，如果在中国海区发生较强的地震，一般也不会引起海底地壳大面积的升降运动。换句话说，就是中国海区缺乏引发海啸的动力。

此外，中国的海域辽阔，分布了数以千计的大小岛屿礁滩。从渤海的庙岛群岛到黄海的勾南沙，东海的舟山群岛、台湾岛、南海诸岛等，这些众多的岛屿呈弧形分布在大陆海岸周围，就像一道天然的海上屏障保卫着中国陆地的安全。同时，在中国近海外侧，有琉球群岛、日本的九州以及菲律宾诸岛拱卫，形成另外一道有序的海上“防波堤”，抵御着外海海啸波的冲击。加之宽阔大陆架浅海海底摩擦阻力的作用，受上述两道防线和广阔浅水的影响，当海啸波从深海传播到中国海区时，其能量已经大为衰减，一般不会再对人类造成严重的威胁了。

1960年，智利发生的那次大海啸，影响到太平洋周边的许多地区，日本也未能逃脱这场灾难。可是，与日本比邻而居的中国在这次海啸中所受到的影响却微乎其微，当智利的海啸波传到上海时，吴淞口验潮站记录到的波高只有15~20厘米。广州附近闸坡海洋站记录到的海啸，也只有一些微弱迹象。

有资料统计发现，中国近海海底地震伴生海啸的概率只有6%，远远低于全球海啸发生的平均水平。能引发海啸的浅源地震，也大多集中在中国台湾岛附近。我们依据海啸发生的概率，可以把中国近海分为高、中、低三类地区，分别是台湾岛东岸、大陆架区和渤海区。

综上可以看出，中国内地沿海地区不仅较少发生地震海啸，即使太平洋上发生了大海啸，也不会对中国内地沿海造成严重威胁。但是，中国是一个地震多发的国家，地震活动频繁，分布范围广、强度大，几乎所有的沿海省市都发生过或大或小的地震灾害。目前，中国正处在第五个地震活动期的高潮阶段，局部地区很容易发生严重的地震灾害，这些情况都应该引起人们对地震引发海啸的警惕。

当然，加强地震海啸的研究，建设必要的监测网，做好防范工作，仍然是至关重要的。因为一旦海啸发生，造成的损失是非常惨重的，一定要防患于未然。

第三章

海啸与风暴潮

海上的台风等极端气候能引发海啸，这种海啸被称为风暴海啸或气象海啸，它是在强烈大气扰动下引起的海平面异常增高现象。在我国史料中曾出现“海侵”“海溢”等词汇，指的就是海啸。20世纪80年代，我国把大气扰动引起的海面异常现象命名为“风暴潮”。

风暴潮是一种严重的自然灾害，会造成剧烈的海水运动。风暴潮在海面上运动时，伴随着暴雨、狂风以及巨浪，冲到陆地后，给人们带来灾难。

1.什么是风暴潮

风暴潮是一种灾害性的自然现象。是由热带气旋（如台风）、温带气旋和气压骤变等强烈的天气变化引起的海面异常升降现象，又称“风暴增水”“风暴海啸”“气象海啸”或“风潮”。

风暴潮会使受到影响的海区的潮位大大地超过正常潮位。如果风暴潮恰好与受影响的海区的涨潮相重叠，就会使水位暴涨，海水涌进内陆，造成巨大破坏。

按照诱发风暴潮的大气扰动特性，把风暴潮分为由热带气旋所引起的台风风暴潮（或称热带风暴风暴潮，在北美一带称为飓风风暴潮，在印度洋沿岸称为热带气旋风暴潮）和由温带气旋等温带天气系统所引起的温带风暴潮两大类。

温带风暴潮，多发生于春秋季节，夏季也时有发生。其特点是增水过程比较平缓，增水高度低于台风风暴潮。主要发生在中纬度沿海地区，以欧洲北海沿岸、美国东海岸以及我国北方海区沿岸为多。

台风风暴潮多见于夏秋季节。其特点是来势猛、速度快、强度大、破坏力强。凡是有台风影响的海洋国家、沿海地区均有台风风暴潮发生。

风暴潮灾害居海洋灾害之首，因为世界上绝大多数海岸特大灾害是风暴潮造成的。

1953年2月，发生在荷兰沿岸的强大风暴潮，使水位高出正常潮位3米多。海水冲毁了防护堤，淹没土地3 000多平方千米，导致2 000余人死亡。

1970年11月13日，孟加拉湾发生震惊世界的热带气旋风暴潮灾害。这次风暴增水超过6米的风暴潮夺去了恒河三角洲一带30万人的生命，溺死牲畜50万头，使100多万人无家可归。

1959年9月26日，日本伊势湾顶的名古屋一带地区，遭受了日本历史上最严重的风暴潮灾害。最大风暴增水达3.45米，最高潮位达5.81米。当时，伊势湾一带沿岸水位猛增，风暴潮激起千层浪，汹涌地扑向堤岸，防潮海堤短时间内即被冲毁。造成了5 180人死亡，伤亡合计7万余人，受灾人口达150万人，直接经济损失852亿日元。

2.风暴潮与海啸有什么不同

虽然风暴潮和海啸都会造成海水的剧烈运动，但是两者却有很大的区别。主要表现在成因、波长、传播速度以及引发的难易程度上。

成因

风暴潮是由海面大气运动引起的，主要是海水表面的运动。而海啸是由海底升降运动造成的，是海水整体的运动。

波长

海啸的波长长达几百千米，而风暴潮的波长在1千米以下。

传播速度

海啸的传播速度每小时为700~900千米，非常快，可以与越洋波音747飞机保持同步。而风暴潮多由台风引发，但是最快的台风速度也只有200千米/小时左右，比海啸要慢得多。

引发的难易程度

风暴潮很容易被台风所激发，而多数海啸是由海底地震产生的。只有在非常特殊的情况下，极少的大地震才能激发起灾害性的大海啸。据估计，10个海底大地震中只有1~2个会引发海啸。

3. 风暴潮的形成因素有哪些

风暴潮是在强烈大气扰动下引起的海平面异常升降现象。热带气旋、温带气旋、寒潮等强烈的天气系统都会引起风暴潮。

热带气旋

热带气旋就是发生在热带、亚热带地区海面上的大气漩涡，它一边绕着中心急速旋转，一边随周围大气向前移动。热带气旋在北半球沿逆时针方向高速旋转，在南半球则沿顺时针方向旋转。当热带气旋的风力达到12级或以上时，我们称之为台风。热带气旋一旦登陆或者移动到温度较低的洋面上，便会失去温暖、潮湿的空气供应能量，或减弱消散，或失去热带气旋的特性。但是热带气旋的出现每次都伴随着狂风、骤雨、巨浪等，最后演变为风暴潮。

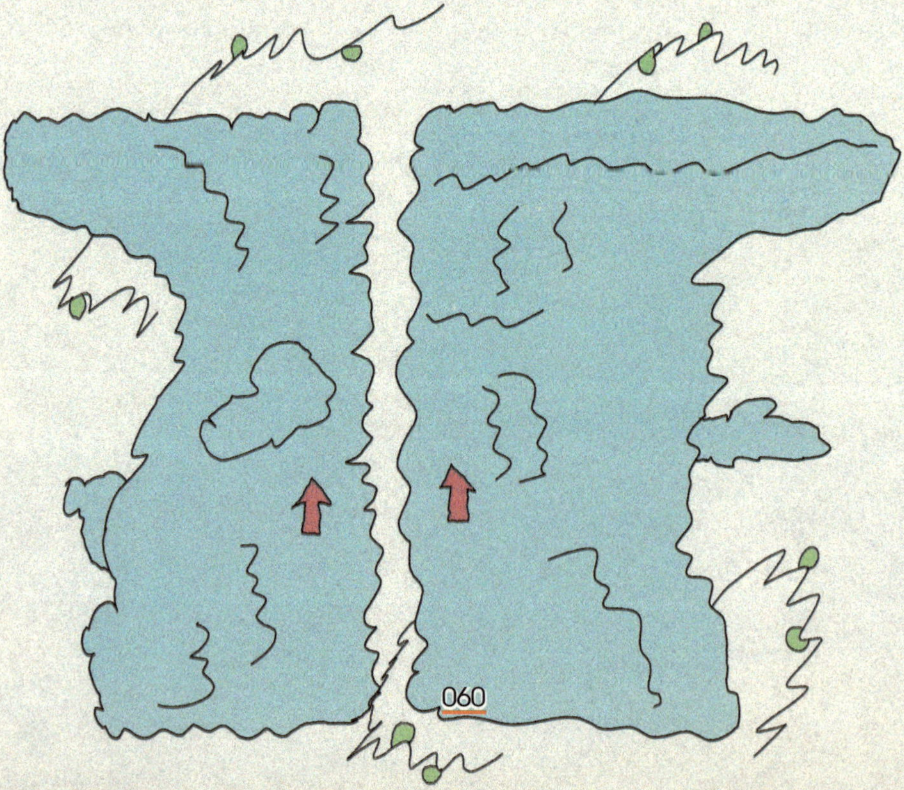

全球热带气旋主要分布在南、北半球5~20个纬度带内的东北太平洋、西北太平洋、西南太平洋、西北大西洋、阿拉伯海、孟加拉湾、澳大利亚西北部和南印度洋西部8个大洋区。这8个大洋区的台风，约有36%集中在西北太平洋，而我国东面正好临近西北太平洋，所以受西北太平洋台风影响十分显著，其中约35%的台风在我国登陆，从而经常造成风暴潮灾害。

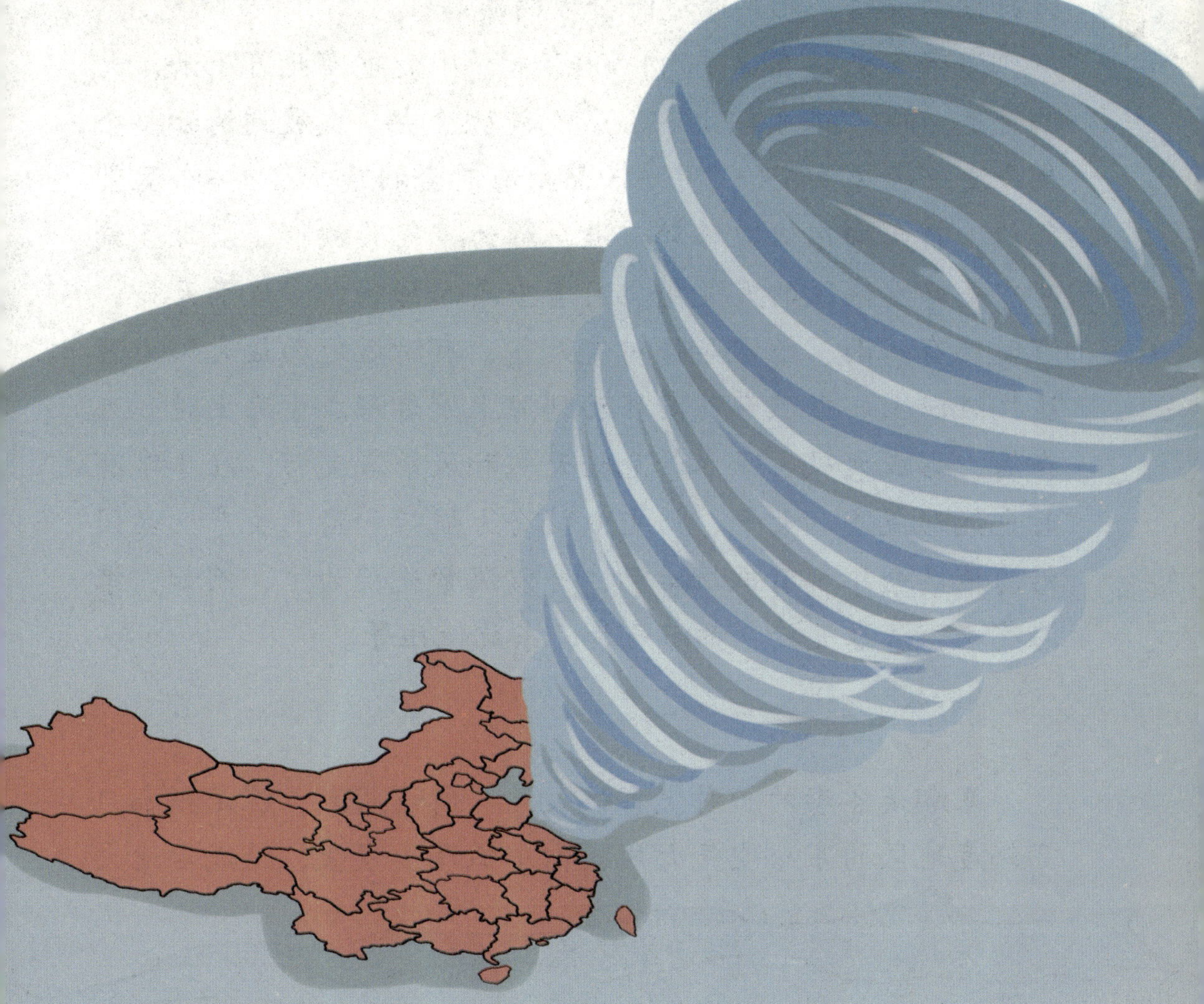

温带气旋

温带气旋是出现在中高纬度地区中心，气压低于四周且具有冷中心性质的近似椭圆形的斜压性空气漩涡，是影响大范围天气变化的系统之一。温带气旋也叫锋面气旋，其出现伴随着锋面，锋面就是冷暖空气的交界面。温带气旋里既有冷空气也有暖空气，两种空气同时围绕中心旋转，南半球顺时针方向旋转，北半球逆时针方向旋转。

温带气旋的直径平均1 000千米，小的也有几百千米，大的可达3 000千米或以上。温带气旋从生成、发展到消亡整个生命史一般为2~6天。同一锋面上有时会接连形成2~5个温带气旋，自西向东依次移动前进，称为“气旋族”。温带气旋对中高纬度地区的天气变化有着重要的影响，多风雨天气，有时伴有暴雨、暴雪等强对流天气，有时近地面最大风力可达10级以上。当温带气旋移动到海上或者形成于海上时，可在海上形成大风、降水等危险天气和风暴潮灾害，在冬季有时也能形成寒潮天气，严重威胁海上航行和渔业生产。我国沿海地区全年都有低压活动，并以温带气旋为主，例如，东海气旋、江淮气旋、黄河气旋、东北低压等。

寒潮

寒潮是冬季的一种灾害性天气。所谓寒潮，就是指来自高纬度地区的寒冷空气大规模向中低纬度侵袭，造成沿途大范围急剧降温、大风、雨雪的天气过程。这种冷空气只有达到一定的标准才称为寒潮，并不是所有来自高纬度地区的冷空气都称为寒潮。

我国气象部门规定：冷空气侵入造成的降温，24小时内达到10℃以上，而且最低气温在5℃以下，则称此冷空气爆发过程为一次寒潮过程。后来又补充规定：长江中下游及其以北地区，48小时内气温下降10℃以上，长江中下游最低气温为4℃或以下，陆上相当于三个行政区出现5~7级大风，海上有三个海区出现6~8级大风的情形也属寒潮过程。

寒潮和强冷空气通常带来的大风、降温天气，是我国冬半年主要的灾害性天气。

寒潮对沿海地区威胁很大，如1969年4月21日～25日那次的寒潮，强风袭击渤海、黄海以及河北、山东、河南等省，陆地风力7～8级，海上风力8～10级。此时正直天文大潮，寒潮爆发造成了渤海湾、莱州湾几十年来罕见的风暴潮。在山东北岸一带，海水上涨了3米以上，冲毁海堤50多千米，海水倒灌30～40千米。

4.风暴潮的成灾因素有哪些

当风暴潮发生时，海水会不断地以风浪的形式推向海岸。而海岸对于这些海浪必然会起到一定的阻挡作用，正是这样的阻挡促使沿海海平面增高数米，尤其是浅水域水位增高更加明显。除了潮位高造成潮灾外，风暴潮能否形成灾害还由以下因素决定。

潮汐因素

潮汐是在月球和太阳影响下，海洋水面周期性的涨落现象。发生在白天的称为潮，发生在夜间的称为汐，总称“潮汐”。潮汐一般每日涨落两次，也有涨落一次的。

潮汐主要是由太阳和月球的引潮力决定的，月球虽然比

太阳质量小，但它的引潮力却比太阳高2.17倍。地球、月亮在不停地运动，从而使太阳、月亮与地球的位置和距离在不断地发生着变化，每当地球、月球移动到和太阳在一条直线上的时候，也就是我国农历每月的初一和十五前后。这个时候月球和太阳的引潮力就会作用于同一方向，海水的涨落必然增大，形成朔望大潮。这就是人们常说的“初一、十五涨大潮”的原因，也就是所谓的天文潮。

天文潮属正常的潮汐现象，天文潮在一般情况下不会引发灾害。在某些特定环境下会构成水害，如果汛期江河水满时遇到天文潮顶托造成洪水难以退却；如果天文潮遇到台风登陆前后，会暴发风暴潮，就会造成较大的灾害。

1992年8月28日至9月1日，受第16号强热带风暴和天文大潮的共同影响，我国东部沿海发生了1949年以来影响范围最广、损失非常严重的一次风暴潮灾害。潮灾使南自福建东山岛，北到辽宁省沿海的海岸线遭受到不同程度的袭击。受灾人口达2 000多万人，死亡194人，毁坏海堤1 170千米，受灾农田193.3万公顷，成灾33.3万公顷，直接经济损失达90多亿元。

地理因素

沿海地区的平原、三角洲、海拔不到5米的海岸区域以及泥沙质的海岸等，都很容易受风暴潮灾害的侵害，导致灾难的发生。

我国沿海大部分区域地势低洼，一旦发生风暴潮，很容易成灾。这些地区包括辽河平原、淮北平原、淮南平原、长江三角洲、黄河三角洲、福建沿海三角洲、珠江三角洲等。尤其是长江口、钱塘江口和珠江三角洲，降水充足，容易产生洪涝灾害，因此，经常造成洪水与风暴潮的相遇，酿成重大灾害。

人为因素

防潮工程：修造海堤是人们一直以来抵御海潮侵袭的办法，现在，它仍然是防潮减灾的有效措施。据1998年的统计资料显示，我国海堤可保护25个省的48个城市和342个县，保护面积达到29.1万平方千米，人口1.78亿人。但是有很大一部分的海堤没有达到标准，那些低标准海堤在大潮面前防御能力差，即使在风暴潮预报、预警比较成功的情况下，这些地区仍然会遭受巨大的经济损失。

地面塌陷：从20世纪20年代开始，上海及天津市区地面出现沉降灾害，40年以后，两市的地面沉降现象已经到了十分严重的程度。20世纪70年代，长江三角洲主要城市及天津市平原区、河北东部相继出现地面沉降现象。20世纪80年代以来，随着城市的发展和人口的增加，这些地区的中小城市、农村地下水开发利用量也随之大幅度增加，地面沉降范围由城市逐步向农村扩张，并在区域上连片发展，地面沉降范围不断扩大。

我国地面沉降最为严重的地区是长江三角洲。其中，上海地区是我国发生地面沉降现象最早、影响最大、危害最深的城市。地面标准高度降低直接导致了黄浦江高潮对上海市区造成灾害次数和强度的增加。1962年黄浦江高潮位比1931年历史最高潮位低0.18米，但上海市区防汛墙溃决46处，市区最大淹水处深达2米，直接经济损失达5亿元人民币。有关资料统计，在1999年上海市出现的洪、涝、潮三大灾害一起发生的情况下，高潮引发市区排水困难，造成较大的灾害，全市累计受淹农田8.4万公顷（成灾3.4万公顷），受淹人口16万人之多，倒塌房屋690间，经济损失达87亿元。

华北平原也是我国地面沉降严重的地区。例如，天津市地面最大沉降量已经超过3米。地面沉降使得天津市沿海一带已经出现数处低于海面的凹地，加剧了风暴潮灾害。在

1985年、1992年、1997年、2003年发生了四次风暴潮，天津防潮堤有十几处被冲垮，造成的损失十分巨大。

经济发展：随着沿海地区和海洋经济的迅速发展，沿海基础设施大量增建，造成承载体日趋庞大，列入潮灾的次数越来越多，灾害后果也越来越严重。在近几十年来，由于防御海洋灾害能力的加强，死于潮灾的人数已明显减少，但是每次风暴潮造成的经济损失却在显著地增加。有资料统计显示，我国沿海地区风暴潮灾害的经济损失从20世纪50年代的平均每年1亿元，逐年剧增，80年代后期平均每年20亿元、90年代平均每年100亿元，2005年已经高达329.8亿元，是50年前的300多倍！风暴潮正成为沿海对外开放和经济发展的一个很不利的制约因素。

过度开发：人类活动也是海岸侵蚀灾害加剧的一个重要原因。比如，沿岸采砂、不合理的海岸工程建设、过度开采地下水、采伐海岸红树林等，都是人类活动直接导致海岸侵蚀的常见原因。为了眼前的经济利益，一些沿海地带盲目地进行经济开发，比如，填海造地、围垦滩涂、抬滩造地等海岸开发活动无序开展。为了更多地开发旅游项目，在不少的旅游海岸，别墅和娱乐设施也都不计后果地直接建在沙滩上。这种高密度、大范围的经济开发行为，严重地削弱了沿海的防潮减灾能力，加重了风暴潮和海浪灾害造成的损失程度。

5.我国风暴潮有什么特征

风暴潮在我国发生比较频繁。我国是西太平洋沿岸发生风暴潮频率最高的国家。每个季节都有风暴潮的发生。夏秋两季全国沿海遍及台风风暴潮，到了春冬两季，受寒潮、大风及温带气旋活动的影响，强大的风暴潮常会在北部海区出现。由于我国沿海地形具有广阔的大陆架，水较浅，这为风暴潮提供了良好的增水条件。

我国属于季风气候，天气多变，台风、气旋、反气旋的移动路径、速度、风力大小、强度与方向等各不相同，而且我国沿海海岸线地形曲折复杂。潮汐类型多样，潮差大的浅水区，风暴潮与天文潮常常相伴而来。故而我国风暴潮具有复杂多变的特点。

统计资料显示，我国风暴潮的多发区集中在渤海湾至莱州湾沿岸，江苏省小洋口至浙江省北部海门港及浙江省温州、台州地区，福建省宁德地区至闽江口附近，广东省汕头地区至珠江口，雷州半岛东岸和海南岛东北部等岸段。近400年来，渤海湾沿岸已经发生过30多次较大的潮灾。例如，莱州湾沿岸地区，1644~1911年的268年中，共发生潮灾45次，较大的10次，特大的3次，最大增水在3米以上，超过警戒水位1.5米，海潮侵入内陆数十千米。

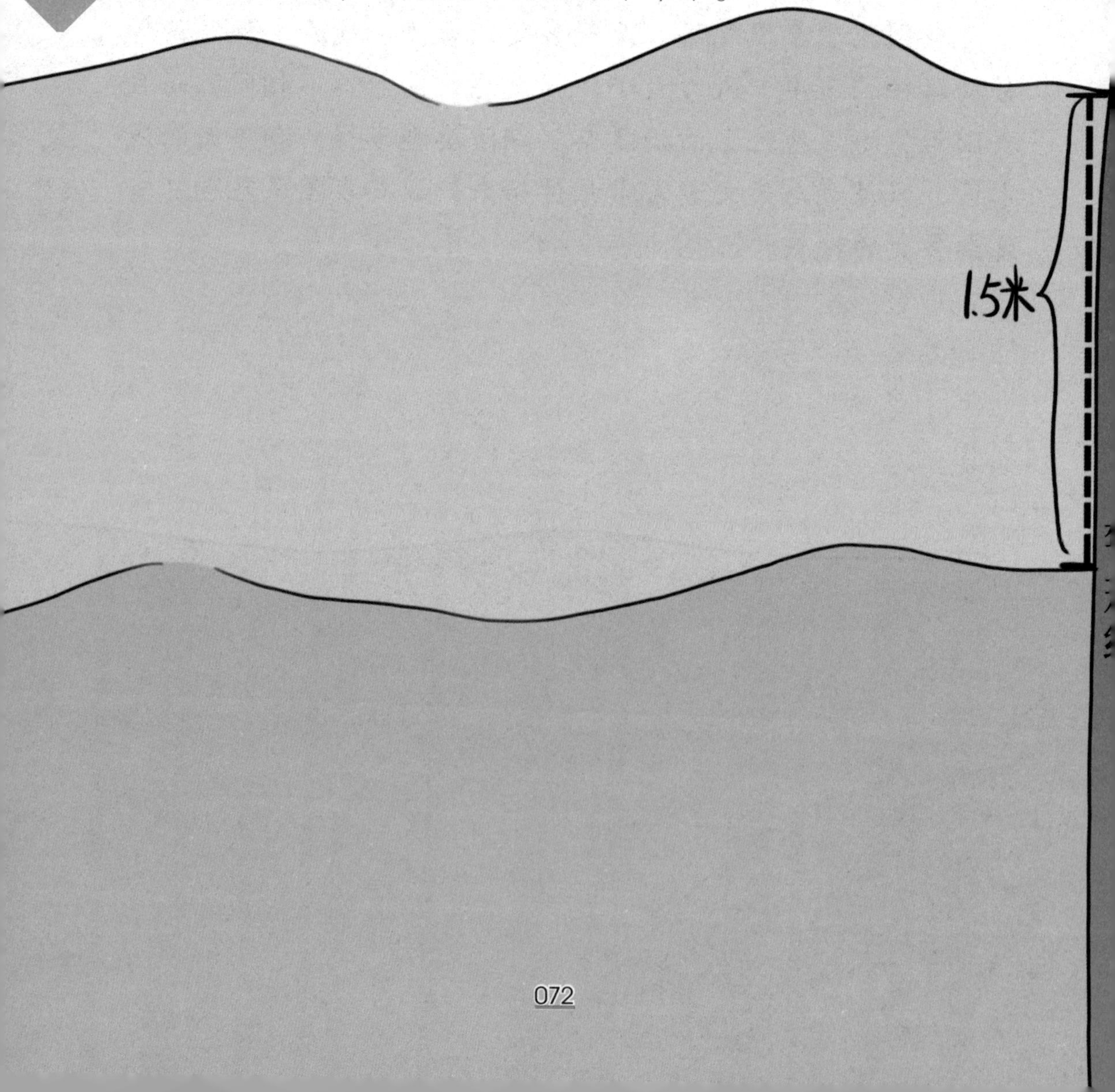

6.风暴潮在全球主要发生在哪些地区

太平洋是世界上台风发生最多的地区，全球一多半的台风都发生在这里，其次是印度洋占26%，西北大西洋占11%。

遭受台风风暴潮侵袭最为频繁的国家都分布在以上三个大洋沿岸，主要包括中国、日本、朝鲜、印度、越南、孟加拉、菲律宾、美国、澳大利亚等国。

由于地理位置、海底地势等因素的不同，台风登陆造成的风暴潮灾害也不同，但是风暴潮发生的频率与台风出现的频率基本是一致的。北纬20° 以北的海域是受温带风暴潮影响严重的地区，而在北纬20° 以南一般较少出现风暴潮，即使出现，影响也很小。

除我国外，世界上还有两个遭受风暴潮侵袭频繁的国家，它们是美国和孟加拉国。

美国东海岸以及墨西哥湾沿岸，濒临大西洋，多在夏秋季节发生飓风风暴潮，每隔四五年发生一次，每次损失均高达数亿美元。

例如，1969年8月17日，“卡米耳”飓风袭击了美国墨西哥湾沿岸，飓风风暴潮增水7.5米，风暴潮增水记录达到世界实测最高，给美国墨西哥湾沿岸造成了巨大损失，其中144人在这次灾难中丧生，经济损失达12.8亿美元。

又如，2005年8月29日，美国墨西哥湾地区遭受“卡特里娜”风暴潮肆虐，飓风登陆时海浪高达6米以上，造成新奥尔良市堤防溃决，死亡人数达到1 209人，经济损失高达1 250亿美元。

孟加拉国临近印度洋，位于孟加拉湾的海岸呈喇叭口状，面向印度洋，极易受风暴潮的侵袭。

例如，1970年11月13日，在孟加拉湾沿岸发生了一次震惊世界的热带气旋风暴潮灾害。这次增水超过6米的风暴潮造成了恒河三角洲一带30万人丧生，溺死牲畜50万头，使100多万人失去家园。

又如，1991年4月，孟加拉湾再次发生特大风暴潮，在有了热带气旋及风暴潮警报的情况下，仍然夺去了13万人的生命。

温带风暴潮大多发生在中纬度地带的沿海国家。我国是亚洲最易遭受温带风暴潮灾害的国家之一。在渤海、黄海北部沿海地区的渤海湾、莱州湾周围地区，经常遭受大风袭击，产生的温带风暴潮淹没大片土地，居民生命及财产都受到严重损害。新中国成立后，较为严重的温带风暴潮灾多发生在渤海沿岸。

在欧洲，最易遭受温带风暴潮灾害的是地处北海和波罗的海沿岸的一些国家，如荷兰、英国、德国、比利时、挪威、波兰、丹麦、俄罗斯等。其中，荷兰受温带风暴潮的灾害极其惨重，历史上曾不止一次被海水淹没。

例如，1953年2月的温带风暴潮，水面高出平均水位3米多，淹没了荷兰30万公顷的土地，洪水冲毁了防护堤坝，造成800多人死亡。这次温带风暴潮同时波及英国，导致英国300多人死亡。

7.风暴潮的预报

由于风暴潮造成的灾害非常严重，因此，人们在20世纪30年代就开始对风暴潮进行研究和预报了。

例如，1931年，荷兰建立了风暴潮警报机构。1953年英国建立了风暴潮警报系统。1936年以来，美国国会曾三次通过责成有关部门开展风暴潮研究与预报的有关法案，除美国国家飓风中心预报外，以夏威夷和阿拉斯加两个州为代表的沿海各州的气象机构也制作临近海域的风暴潮预报工作。

20世纪70年代初，风暴潮的预报系统在我国建成，1974年，国家海洋水文气象预报总台（现为国家海洋环境预报中心）正式向全国发布风暴潮预报。经过多年的发展，预报设备不断更新，从最初的电报、电话预报，发展到目前的电视广播、传真电报和电话等传媒手段预报。

现在我国国家海洋局所属的三个分局预报台及海南省海洋局预报区台、部分海洋站、水利部所属的沿海部分省市水文总站和水文、海军气象台等单位都已经开展了所辖省、地区和当地的风暴潮预报，全国性的预报网络已经形成。

预测机构

8.风暴潮的防范

随着世界人口的增加，社会经济和工业的发展，沿海各国越来越重视风暴潮的防范。

日本和美国也经常受到风暴潮的袭击。

日本政府很重视防灾减灾工作，不仅建设了良好的工程设施，还对全民进行防灾教育，政府还制定了一系列应急措施。

美国运用高科技装备实现了预警系统的现代化、自动化，对风暴潮的监视、监测、预警、通信、服务等基本做到了实时、高速、优质。美国不仅有所属海洋站的浮标、船只，以及卫星这类自动化仪器实现对风暴潮的自动监测，还能通过世界卫星通信系统进行定时传输，大大地提高了时效，整个预警过程的时间间隔不超过3小时。

我国对风暴潮的防范工作也十分重视，在监测设备和技术方面都日益得到加强。目前在沿海地区建立的由海洋站、验潮站组成的监测网络共280多个，而且都配备了比较先进的仪器和计算机设备，并利用电话、无线电、电视和基层广播网等传媒手段，进行灾害信息的传输，对特大风暴潮的预报和警报都起到了比较好的作用。与此同时，沿海城市相关政府部门对灾害的防范也制定了较为周密的应对措施。

9.你知道风暴潮灾害应急响应标准吗

风暴潮灾害应急响应分为I、II、III、IV四级，分别对应特别重大海洋灾害、重大海洋灾害、较大海洋灾害和一般海洋灾害，颜色依次为红色、橙色、黄色和蓝色。

风暴潮灾害I级响应(红色)

对已在使用按照《警戒潮位核定规范(GB/T 17839-2011)》核定的四色警戒潮位值的地区，受热带气旋(包括：超强台风、强台风、台风、强热带风暴、热带风暴)或温带天气系统影响，预计未来沿岸受影响区域内，有一个或一个以上有代表性验潮站将达到当地红色警戒潮位时，应发布风暴潮I级警报(红色)，并启动风暴潮灾害I级应急响应。

对仍在使用按照《警戒潮位核定方法(GB/T 17839-1999)》核定的警戒潮位值的地区，受热带气旋或温带天气系统影响，预计未来沿岸受影响区域内，有一个或一个以上有代表性的验潮站将出现超过当地警戒潮位80厘米以上的高潮位时，应发布风暴潮I级警报(红色)，并启动风暴潮灾害I级应急响应。

风暴潮灾害II级响应(橙色)

对已在使用按照《警戒潮位核定规范(GB/T 17839−2011)》核定的四色警戒潮位值的地区，受热带气旋或温带天气系统影响，预计未来沿岸受影响区域内，有一个或一个以上有代表性验潮站将达到当地橙色警戒潮位时，应发布风暴潮II级警报(橙色)，并启动风暴潮灾害II级应急响应。

对仍在使用按照《警戒潮位核定方法(GB/T 17839−1999)》核定的警戒潮位值的地区，受热带气旋或温带天气系统影响，预计未来沿岸受影响区域内，有一个或一个以上有代表性的验潮站将出现超过当地警戒潮位30厘米(不含)~80厘米的高潮位时，应发布风暴潮II级警报(橙色)，并启动风暴潮灾害II级应急响应。

风暴潮灾害III级响应(黄色)

对已在使用按照《警戒潮位核定规范(GB/T 17839–2011)》核定的四色警戒潮位值的地区，受热带气旋或温带天气系统影响，预计未来沿岸受影响区域内，有一个或一个以上有代表性验潮站将达到当地黄色警戒潮位时，应发布风暴潮III级警报(黄色)，并启动风暴潮灾害III级响应。

对仍在使用按照《警戒潮位核定方法(GB/T 17839–1999)》核定的警戒潮位值的地区，受热带气旋或温带天气系统影响，预计未来沿岸受影响区域内，有一个或一个以上有代表性的验潮站将出现超过当地警戒潮位0厘米(不含)~30厘米的高潮位时，应发布风暴潮III级警报(黄色)，并启动风暴潮灾害III级应急响应。预计未来沿岸受影响区域内有一个或一个以上有代表性的验潮站将出现低于当地警戒潮位0厘米(不含)~30厘米的高潮位，同时此验潮站风暴潮增水达到120厘米以上时，也应发布风暴潮III级警报(黄色)，并启动风暴潮灾害III级应急响应。

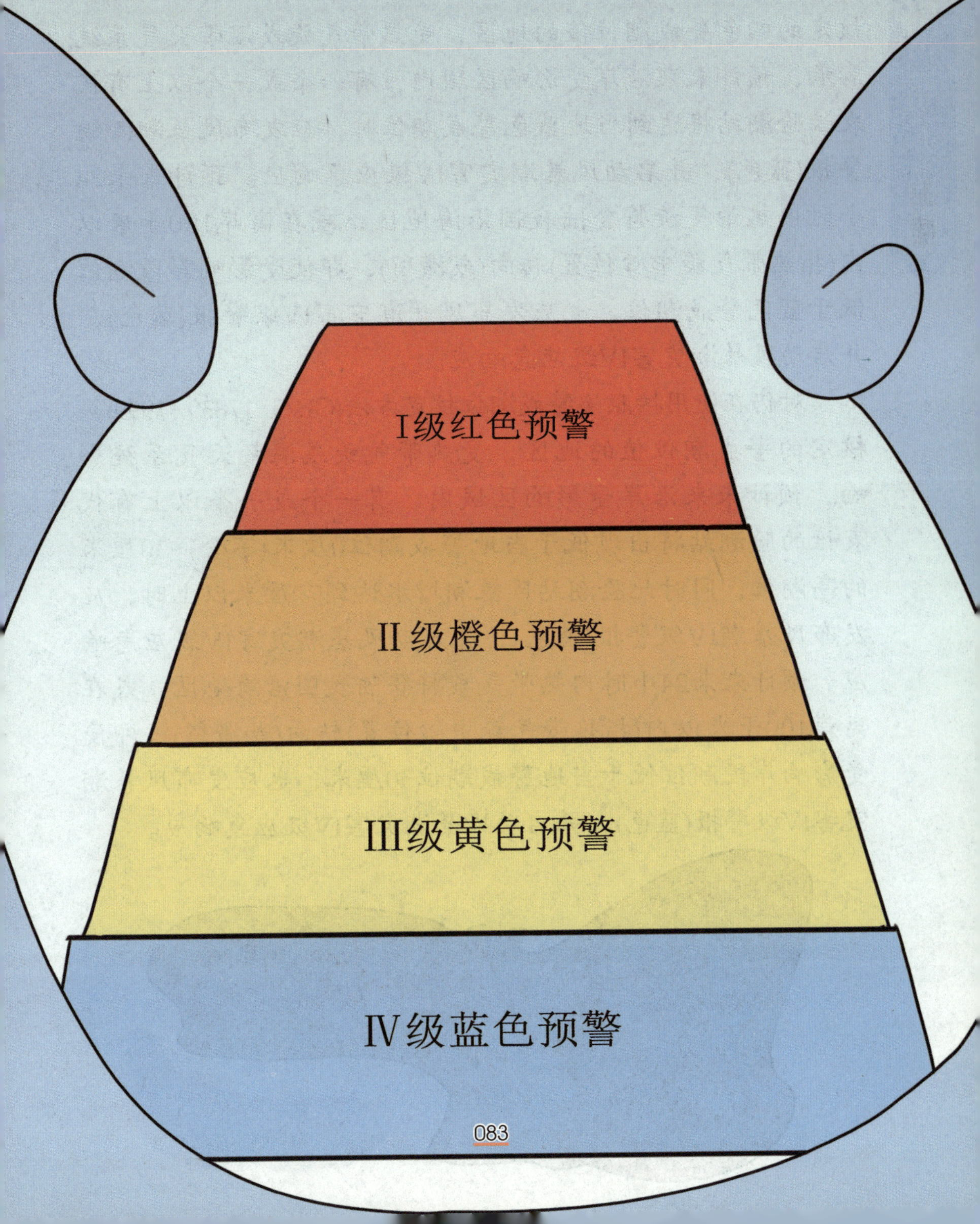
I级红色预警
II级橙色预警
III级黄色预警
IV级蓝色预警

风暴潮灾害IV级响应(蓝色)

对已在使用按照《警戒潮位核定规范(GB/T 17839-2011)》核定的四色警戒潮位值的地区，受热带气旋或温带天气系统影响，预计未来沿岸受影响区域内，有一个或一个以上有代表性验潮站将达到当地蓝色警戒潮位时，应发布风暴潮IV级警报(蓝色)，并启动风暴潮灾害IV级应急响应。预计未来24小时内热带气旋将登陆我国沿海地区，或在离岸100千米以内(指热带气旋中心位置)转向(或滞留)，即使受影响岸段潮位低于蓝色警戒潮位，也应发布风暴潮灾害IV级警报(蓝色)，并启动风暴潮灾害IV级应急响应。

对仍在使用按照《警戒潮位核定方法(GB/T 17839-1999)》核定的警戒潮位值的地区，受热带气旋或温带天气系统影响，预计未来沿岸受影响区域内，有一个或一个以上有代表性的验潮站将出现低于当地警戒潮位0厘米(不含)~30厘米的高潮位，同时此验潮站风暴潮增水达到70厘米以上时，应发布风暴潮IV级警报(蓝色)，并启动风暴潮灾害IV级应急响应。预计未来24小时内热带气旋将登陆我国沿海地区，或在离岸100千米以内(指热带气旋中心位置)转向(或滞留)，即使受影响岸段潮位低于当地警戒潮位30厘米，也应发布风暴潮灾害IV级警报(蓝色)，并启动风暴潮灾害IV级应急响应。

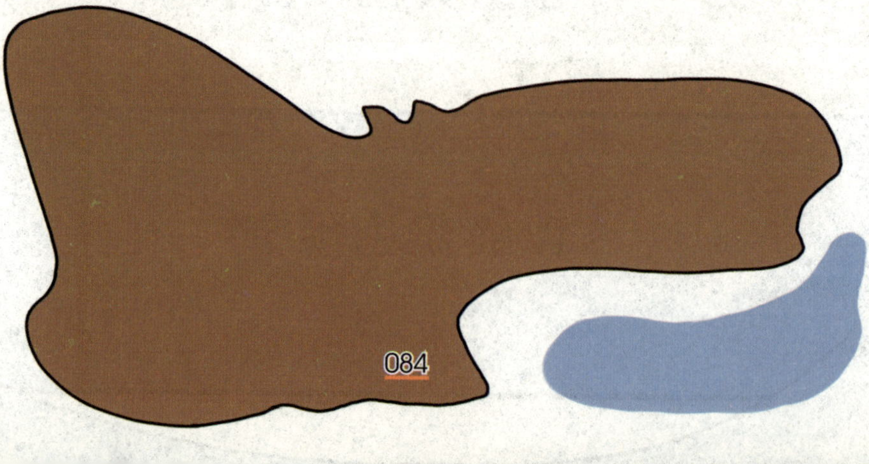

第四章

海啸可以预防吗

海啸作为一种严重的自然灾害，可以预防吗？答案是可以的。

我们可以通过海啸来临的征兆或者海啸预警系统预测到海啸即将来临，提前做好防范准备。

另外，通过在海岸修建大堤、避难所等设施，也可以在海啸来临时，将海啸带来的损失减至最低。

总之，预防海啸的方法有很多，在这一章中，我们将针对这些问题进行详细的介绍。

1.海啸发生前有什么预兆

地震或海啸灾难发生之前是有预兆的，为了最大限度地减少海啸造成的经济损失和人员伤亡，我们要多了解一些关于海啸的知识，以便通过各种各样的异常现象来判断灾害即将来临，并且提前做好有效的防御措施。

海啸前兆的具体分类如下。

地面震动

地面强烈震动是地震海啸发生的最早信号，地震波与海啸波的传播速度不同，中间会有一个时间差，这非常有利于人们采取措施提前预防。

地震是海啸的“先锋队”，感觉到较强地面震动的时候，不要轻易靠近海边或是江河入海口。在沿海地区，如果得知附近即将发生地震，一定要提前做好预防海啸的准备。

突现“水墙”

在海边的时候，如果看到在离海岸不远的海面，海水突然变成了白色，同时在它的前方出现一道“水墙”。这种情况的出现很有可能是因为地震造成海底地壳大范围上升引起的。为什么会有“水墙”出现呢？

原来，海啸形成之后，海啸波由远海传至近海，前浪的波速会逐渐减慢，但后浪的波速仍然很快，当两股浪潮融合在一起时，海水就会陡然增高，出现几米甚至几十米高的巨浪，像一堵墙一样，这就是人们常说的“水墙”。这是海啸来临的征兆，看到这样的“水墙”需要尽快设法逃生。

异常退潮

海啸来袭之前，海水有时会突然退到离沙滩很远的地方，一段时间之后海水又重新上涨。为什么会出现这种情况呢？

海水出现异常退潮现象，很有可能是因为地震造成海底地壳大面积沉降，相应地，海面上的水流也会向沉降方向大量聚集转移，从而在海边出现快速退潮现象。这种现象在距震中数百千米以内的沿海经常能看到，一般发生在大地震后10~20分钟。当海水出现这种异常现象时，一般距海啸到来的时间最短只有几分钟，最长可达几十分钟。此时，应当机

立断，尽早逃生。

例如，2004年印度洋海啸席卷泰国南部时，当地一个渔村的181名村民早已逃到了高山上，从而躲过了这场劫难。这些村民是怎样知道海啸即将发生呢？

有关媒体对这些村民进行了采访，65岁的村长卡萨雷的说法是，村民们始终坚信祖辈们留下来的一条古训：如果海边的海水迅速退去，那么它再次出现时的数量会和消失时一样多。12月26日，海啸到来之前，海水迅速地向地平线退去，许多人纷纷去捡拾遗留在沙滩上的鱼虾等海洋生物，而这个渔村的人却意识到这是海啸即将来临的信号，于是，全村人迅速撤离到安全的高地，由此躲过一劫。

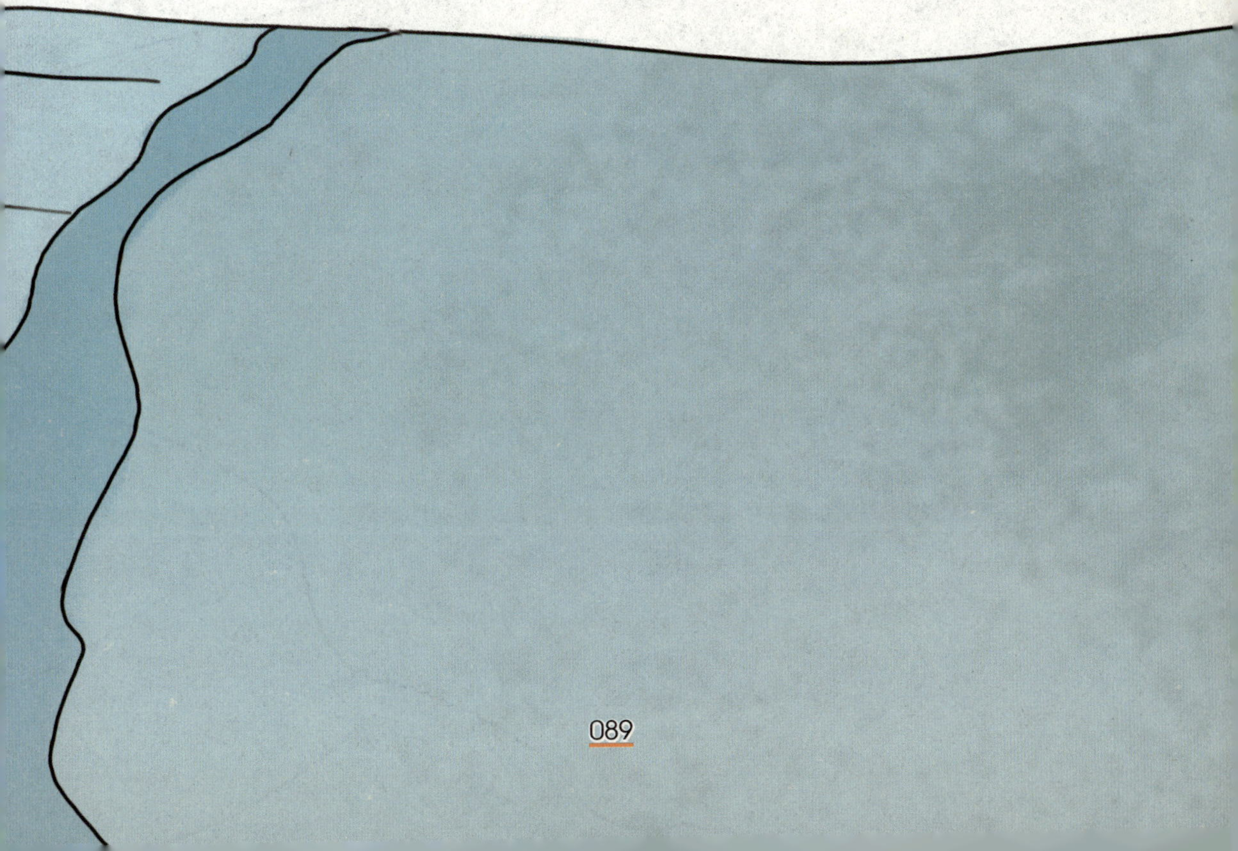

鱼类异常

海啸发生前会有深海鱼类出现在浅海或海滩的异常现象。深海和浅海不同，两者的环境条件存在着巨大的差别，深海鱼一旦突然到了浅海或海滩，可能会出现血管破裂等现象，造成死亡。因此，深海鱼绝不会轻易游到浅海，出现此种反常现象，很可能是被海啸等异常海洋活动的巨大暗流卷到浅海的。

2004年印度洋海啸发生前，在东南亚多个地方的海滩都发现了很多大大小小、颜色各异、平时罕见的鱼类，这些大多是生活在海里2千米以下的深海鱼类。

因此，深海鱼出现在近海的海面或海滩上，是海底地震及海啸等异常活动的预兆，应当引起高度重视。

海面异常

海水突然翻滚，就像开锅一样，海面上冒出许多大大小小的气泡，并发出“吱吱”的响声，这种现象就是海啸将要出现的征兆。

印度洋特大海啸发生之前的几分钟，普吉岛海滩上起了很多泡泡，接着海浪突然一个接一个地打了过来，而这一异常现象只有一个叫蒂莉的年仅10岁的英国女孩发现并注意到了，她赶紧跑去告诉妈妈。蒂莉的地理老师曾经描述过地震引发海啸的最初情形，当时海滩的情景与老师描述的海啸发生前的情形相符，于是，蒂莉判断海啸即将到来。并劝说海滩上的游客迅速撤离沙滩。起初，在场的成年人对小女孩的预见都是半信半疑，但蒂莉坚持请求大家离开。她的警告如

星火燎原般在沙滩上传开，几分钟内游客已全部撤离沙滩。当这几百名游客跑到安全地带时，身后已传来了巨大的海浪声。人们在激动和惊恐中哭泣，争相拥抱和亲吻他们的救命恩人蒂莉。当天，这个海滩是普吉岛海岸线上唯一没有死伤的地点。

动物异常

科学家研究发现，地震发生前，地下水、地球的磁场、温度等都会产生细微的变化。对于这些细微的变化，人类可能无法感知，动物却能察觉到，并且表现出异常的反应。比如，鸟类迁徙、狗狂叫不止、牛羊逃离圈棚、蚂蚁搬家等。所以种种动物的异常行为也可以给我们提供一些有效的信息。比如，当众多的海鸟突然从你头上惊恐飞过，你应该有所警觉，这很可能就是它们受到远海狂浪的惊吓所致。

2004年印度洋海啸使斯里兰卡3万多人丧生，灾难发生之前，在离海岸3千米远的野生动物保护区内，几百头野生大象、狮子和一些美洲豹突然变得暴躁异常，最终在海啸到来前15分钟，这些动物冲出了园区封锁，向附近的高处迅速奔去。海啸发生以后，所引发的滔天洪水把保护区及周围地区变成了一片泽国，动物们却幸免于难。

海啸到达泰国普吉岛北部的旅游胜地蔻立之前，赶象人萨郎甘和妻子率领一支由8头象组成的队伍向海边进发，象背上坐着十几名外国游客。突然，大象们开始吼叫。萨郎甘事后回忆说："我惊呆了，因为大象从来没有像那样吼叫过。"

半个小时后，大象又开始哀号。接着，大象开始不听赶象人的指挥，载着惊恐的游客向背离海滩的山上狂奔。很快，人们看见海边有巨浪袭来。

象群一直狂奔到山顶才停下了脚步。汹涌的海水席卷了岸上1千米的范围，而跟着大象的游客们则幸运地获救了。事后人们才知道，当大象最初吼叫的时候，里氏8.9级的地震正在撕扯着印度尼西亚苏门答腊岛附近的海床。

2.怎么预防海啸

海啸是严重威胁人类的自然灾害，对海啸的预防不容忽视。虽然依据现有的科学技术水平，还不能在大地震之后迅速、正确地判断该地震是否会引发海啸，但是，我们可以通过建立海啸预警系统、修建应急避难设施、修筑防潮大堤、培育和保护防护林等为预防和减轻海啸灾害采取积极的应对措施。

建立海啸预警系统

2004年，发生在印度尼西亚苏门答腊西北近海的8.9级地震，引起的海啸浪高达10米，横扫印度尼西亚、斯里兰卡、印度和泰国沿岸。地震所引起的海啸需要半个小时到达斯里兰卡，到达泰国和马来西亚西海岸则需要1个小时的时间。

而人们只要15分钟就能撤到内陆安全地区，却因当地缺乏预警系统和人们对海啸知识的缺乏而导致悲剧的发生。

建立海啸预警系统是有科学依据的。

第一，地震波传播速度比海啸的传播速度快是海啸预警的物理基础。地震波大约每小时传播30 000千米（每秒6~8千米），而海啸波每小时传播几百千米。比如，震中距为1 000千米时，地震纵波大约2.5分钟就可以到达的距离，海啸则需要1小时以上。

我们举例来说明。1960年，在智利发生了特大地震，并引发了一场特大海啸，智利地震的地震波传到上海用不到1小时，而海啸波传播到上海则用了23小时。这样，如果根据地震台接收的地震波推测，我们不但知道智利发生了大地震，而且知道大约多少小时之后海啸波就会到达。

第二，海啸波在海洋中传播时，其波长很长，会引起海水水位大面积升高（台风也会造成海面出现大波浪，但面积远远小于海啸），所以，我们可以在大洋中建立一系列的观测海水水面的验潮站，根据观测判断会不会发生海啸，以及海啸的传播方向等关键问题。

需要注意的是，海啸的产生过程很复杂，因为地震波传播速度与海啸传播速度的差别造成的时间差只有几分钟至几十分钟。

所以，预警系统不是万能的，本地海啸的预警比遥海啸要困难得多，因此，为了最大限度减轻灾害，除预警系统外，还要注意灾害的预防和建立灾害发生后及时有效的救援系统。

修建应急避难设施

应急避难设施指利用城市公园、绿地、广场、学校操场等场地，经过科学的规划与管理，为疏散人群提供安全避难、满足基本生活保障及救援、指挥的场所。

应急避难设施可以分为临时应急避难设施和长期应急避难设施。以日本修建的避难设施为例，了解一下修建这两种避难设施的意义。

距离日本东京200多千米的静冈县曾是海啸的重灾区。沼津市是静冈县防海啸的重点地区。按照地形的不同，这里的应急避难设施分为临时避难设施和长期避难设施两种。

临时避难设施建在离海边约3千米的地方，这里是社区防灾中心。该中心是由钢筋水泥建造的三层建筑，内部设有防灾仓库、厨房和残疾人、老人护理室等。其中，防灾仓库中可谓应有尽有，帐篷、抽水机、发电设备、简易厕所、5万多份太空食品，可供来不及或者无力撤离的人在此生活一周。

长期避难设施处于山顶的静浦中学，从社区防灾中心有一条避难专用道路通往那里。那里建有更庞大的防灾仓库，可以升降直升机，人们可以在那里搭建临时住宅，等候灾情过去。

修筑防潮大堤

修造防潮大堤是人们一直以来抵御海潮侵袭的办法，现在，它仍然是防潮减灾的有效措施。

荷兰是世界上地势最低的国家之一，沿海有一望无际的洼地。海风轻轻吹起波浪，海水就会漫过浅滩，把荷兰成片成片的洼地淹没。

荷兰的土地约有1/4低于海平面，65%以上的土地需堤防保护。北海东南部呈漏斗状，北宽南窄。自北大西洋东进的低气压使北海产生巨大的风暴潮，冲击荷兰海岸。海水侵入须德海和莱茵河、马斯河、斯海尔德河在三角洲上的7个河口湾，使这些地区遭受灾害。仅在过去的150年中，就出现过10余次特大的风暴潮。其中1953年1月底、2月初的一次风暴潮，在荷兰西部沿海一带形成2.5～3.0米高的海浪，海水淹没陆地约1 600平方千米，近2 000人丧生。

为防御海水入侵，荷兰早在公元10世纪就开始修建海堤，以便将汹涌的海水挡在堤坝外。

培育和保护红树林

环境专家指出，把海啸灾害损失降到最低的最简单办法，就是在海边营建自然生态环境，培育红树林。

红树林指生长在热带、亚热带海岸潮间带上部，受周期性潮水浸淹，以红树植物为主体的常绿灌木或乔木组成的潮滩湿地生物群落。

红树林并非单指某一种植物，而是一种耐盐的植物群落。大多属于红树科，是一种罕有的木本胎生植物。红树林的组成物种包括草本、藤本红树等。目前，全世界约有60种红树树种，这些树木的韧皮部多含丹宁（鞣酸类物质），使得树干多呈红色，红树林因此得名。

红树林是一种物种非常多样化的生态系统，生物资源量非常丰富。红树林对近海渔业意义重大，是海洋生物的重要养料供应者。红树林区是多种鱼、虾和蟹等经济海产隐蔽、生长和繁殖的良好场所。

红树林这种生物资源是可以持续利用的，主要原因是红树的凋落物，也就是它的残枝败叶是海洋生物很好的食物。生活在红树林中的鸟类可以啄食鱼虾，微生物能够分解鱼虾的尸体和植物的枯枝败叶，并把它们还原到海底土壤中。通过这样的食物链转换，红树林就像一个天然的养殖场，为海洋生物提供良好的生长发育环境。再加上红树林大多生长于亚热带和温带，所以，红树林区还是候鸟的越冬场和迁徙中转站，更是各种海鸟觅食栖息、生产繁殖的场所。

红树林还可以防风削浪、促淤保滩、固岸护堤。红树林的根系发达，在海中盘根错节，能有效地滞留陆地来沙，减少近岸海域的含沙量。茂密高大的枝体宛如一道道绿色长城，有效抵御风浪袭击。

例如，1958年8月，一场历史上罕见的12级强台风袭击了福建厦门，随之出现了强大而凶猛的风暴潮，这场灾难几乎吞没了整个沿海地区，人民生命财产损失惨重。但近在咫尺的龙海县角尾乡海滩，因受到高大茂密的红树林的保护，该地区的沿岸受到的影响很小，农田村舍损失甚微。

1996年9月，雷州半岛遭受历史罕见的12级强台风袭击，团结堤和安圹堤几乎毁于一旦，被冲毁100多米，损失严重，而有红树林保护的地方，沿岸群众的生产生活几乎没有受到任何影响。

2003年，第七号台风“伊布都”携带3~4米的海浪在沿岸登陆，在5 000多亩红树林的保护下，广东省恩平市横陂镇的10千米海堤安然无恙，而没有红树林的另外5千米高级海堤，被狂风巨浪完全冲毁，造成直接经济损失达数千万元人民币。

由此可知，红树林被人们称为“海岸卫士”实至名归。

3.世界各国的海啸预警系统

日本的海啸预警系统

日本是一个地震海啸发生最频繁、最严重的国家之一。甚至远在地球另一端发生海啸的时候，也会波及千里之外的日本岛。

公元684年至今，日本总计发生破坏性严重的海啸有62次，导致10万多人丧生。

为了有效地防范地震海啸的发生，减少灾害造成的伤亡损失，1941年，日本国家气象厅建立了海啸预警系统。40年后，得到了实践的检验。在1983年的日本海中部发生7.7级地震，监测系统及时向东京发出预警，但是，专家分析过程耗时20分钟，在政府向民众发出警报之前，海啸已经冲进沿海地区。海啸过后，日本改进了监测系统，将海啸预警的时间缩短至10分钟，但仍然不够完善。

地震感应器

随着科技的发展和认识水平的提高，日本经过不断完善，制造出新一代的海啸预警系统。新建系统在大地震发生后3分钟就能发出可靠的地震海啸警报。具体来说，当地震发生时，只要地震一发生，由150个高精度地震监测仪组成的遍及全日本的地震监测网络系统就会接收到地震信息，并通过地震波的波形和到达时间来自动、迅速地确定地震状况和具体位置，而且还能及时地将数据传送到电脑中心进行分析，并把分析结果呈现在电视这一公众媒体上，通知电视受众要做出及时有效的预防或避灾。这对于频繁遭受海啸侵袭的日本人来说，这些预报信息非常重要。

目前日本气象厅已经发展了基于卫星的紧急信息多目标发布系统，其接收设备则安置在各县市的办公室、大众媒体、气象观测站以及其他一些基层民众聚集地点。通过卫星传输系统，海啸警报和有关地震的信息能够在海啸发生后马上传送到接收设备。

在未来，日本计划建立更先进的预警系统，全面实现地面波数字电视广播，覆盖日本各家各户的数字电视接收机以及带有电视接收功能的手机也可以直接接收危机警报。只要电视接收机没有切断电源，也就是电视机处于待机状态时，就能使电视机自动开启播放危机警报。这种手段能够快速、准确、直接地向公众传播突发性危机警报。

美国地震海啸预警系统

美国是世界上遭受海啸威胁非常严重的国家之一。在太平洋沿岸美国北部的阿拉斯加州和西海岸的华盛顿州、俄勒冈州和加利福尼亚州都属于海啸威胁区。

1964年，阿拉斯加州发生8.4级地震并引发海啸，死亡人数达150人，其中有122人死于海啸。这次灾难过后，美国立即建立了海啸预警机构。

该机构下属两大海啸预警中心，即太平洋海啸预警中心和阿拉斯加海啸预警中心。这一体系布置了如下探测设备：太空中的海洋观测卫星，在大洋底层、岛屿上以及岸边也建有地震波探测站，大洋中的潮汐监测站等，从而形成一张从太空到海底的完备监测网。

为了更加全面地保护美国海岸安全，美国从2005年初开始扩建原有的太平洋海啸预警系统，同时在东海岸大西洋上也建立了预警机制。

2007年，美国已经将太平洋原有的6个深海探测浮标增加到31个，并首次在大西洋和加勒比海上设下7个浮标。浮标与海底压力记录仪相连接，将接收的数据通过卫星传送到预警中心。另外，美国正与有关国家磋商，计划在印度洋及其他地区建立预警机制。

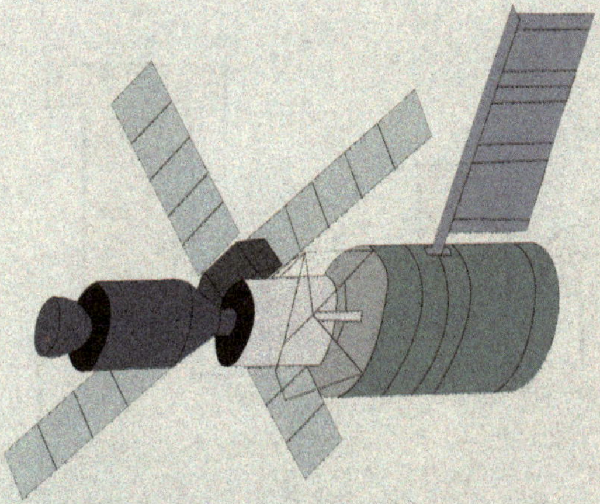

中国地震海啸预警系统

目前，我国的海啸预警机制已经初步建立，具备了海啸预警能力，尽管如此，仍需不断地加强预警能力建设和有关部门之间合作协调机制。

我国是一个风暴潮灾害多发的国家，与地震海啸相比，风暴潮发生的频率和危害程度要高得多、严重得多。由于这两类预报业务类似，我国已合并了这两类预报业务，由国家海洋环境预报中心承担。为此，我国沿海设立了286个验潮站，其中，承担风暴潮预报任务的就有100多个站。我国的海啸警报网是由国家地震局、国家海洋局及各验潮站共同组成的。

20世纪90年代后期，我国国家海洋局组织开发太平洋海啸传播时间数值预报模式、太平洋海啸资料数据库和本地越洋海啸数值预报模式。这一模式曾在福建惠安、浙江秦山、广东大亚湾等五个核电站的环境评价中，得到应用。在发生了印度洋大海啸以后，还组织专家对其进行数值模拟。

4.你知道我国海啸灾害应急响应标准吗

海啸灾害应急响应分为Ⅰ、Ⅱ、Ⅲ、Ⅳ级，分别对应特别重大海洋灾害、重大海洋灾害、较大海洋灾害、一般海洋灾害，颜色依次为红色、橙色、黄色和蓝色。

海啸灾害Ⅰ级应急响应(红色)

受海啸影响，预计沿岸验潮站出现200厘米(正常潮位)以上海啸波高时，应发布海啸灾害Ⅰ级警报(红色)，并启动海啸灾害Ⅰ级应急响应。

海啸灾害Ⅱ级应急响应(橙色)

受海啸影响，预计沿岸验潮站出现150~200厘米(不含)海啸波高时，应发布海啸灾害Ⅱ级警报(橙色)，并启动海啸灾害Ⅱ级应急响应。

海啸灾害Ⅲ级应急响应(黄色)

受海啸影响，预计沿岸验潮站出现100~150厘米(不含)海啸波高时，应发布海啸灾害Ⅲ级警报(黄色)，并启动海啸灾害Ⅲ级应急响应。

海啸灾害Ⅳ级应急响应(蓝色)

受海啸影响，预计沿岸验潮站出现50~100厘米(不含)海啸波高时，应发布海啸灾害Ⅳ级警报(蓝色)，并启动海啸灾害Ⅳ级应急响应。

5.对海啸的防灾减灾工作还需要做什么

对海啸的防灾减灾工作，需要从以下几方面来加强。

普及防灾减灾的科学知识

政府各级宣传部门要把防灾减灾宣传纳入工作计划，通过印制海啸防灾手册、组织参观防灾博物馆、定期组织避难演习，科教片的拍摄、播放等措施提醒人们提高防范意识、学习防灾知识，灾害来临前能做到未雨绸缪。同时，教育部门要把防灾减灾知识整合起来，并编制成课本，列入中小学的教学计划中，使学生对其有一定的了解并能掌握一定的防灾减灾措施。如此，通过这些积极、广泛、科学、有效的宣传，提高全民的防灾减灾意识。

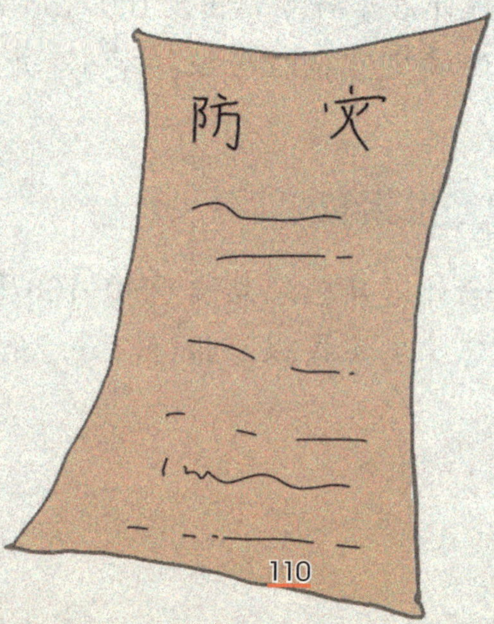

把防灾减灾工作纳入国家规划

国家把防灾减灾工作纳入社会发展规划中，使防灾减灾科学化。在将气象、地震、海洋地质灾害的综合防御工作继续加强的同时，也要把沿海地区的地震海啸预警系统尽快地建立起来。

加强灾害的科学研究

自然灾害的预测预报不但涉及了观测和实际条件，也涉及灾害的成因与有关前兆的机理，在当代自然科学领域里，它是难度很大的前沿课题。所以，应加大对这方面科研工作投入的力度。

健全防灾减灾的法律法规

健全防灾减灾的法律法规体系的建设，并强化监督检查。由于防灾减灾涉及了社会经济生活的多个领域，所以，要在各级政府领导下，把广大社会公众和全社会各方面的力量动员、组织起来，进行协调一致的努力，将灾害降至最低。它的实现需要健全的法律法规为基础。同时，我国作为国际太平洋海啸警报系统成员单位，要加强国际间海啸预警预报的合作，加强与发达国家开展预警预报的技术合作研究。

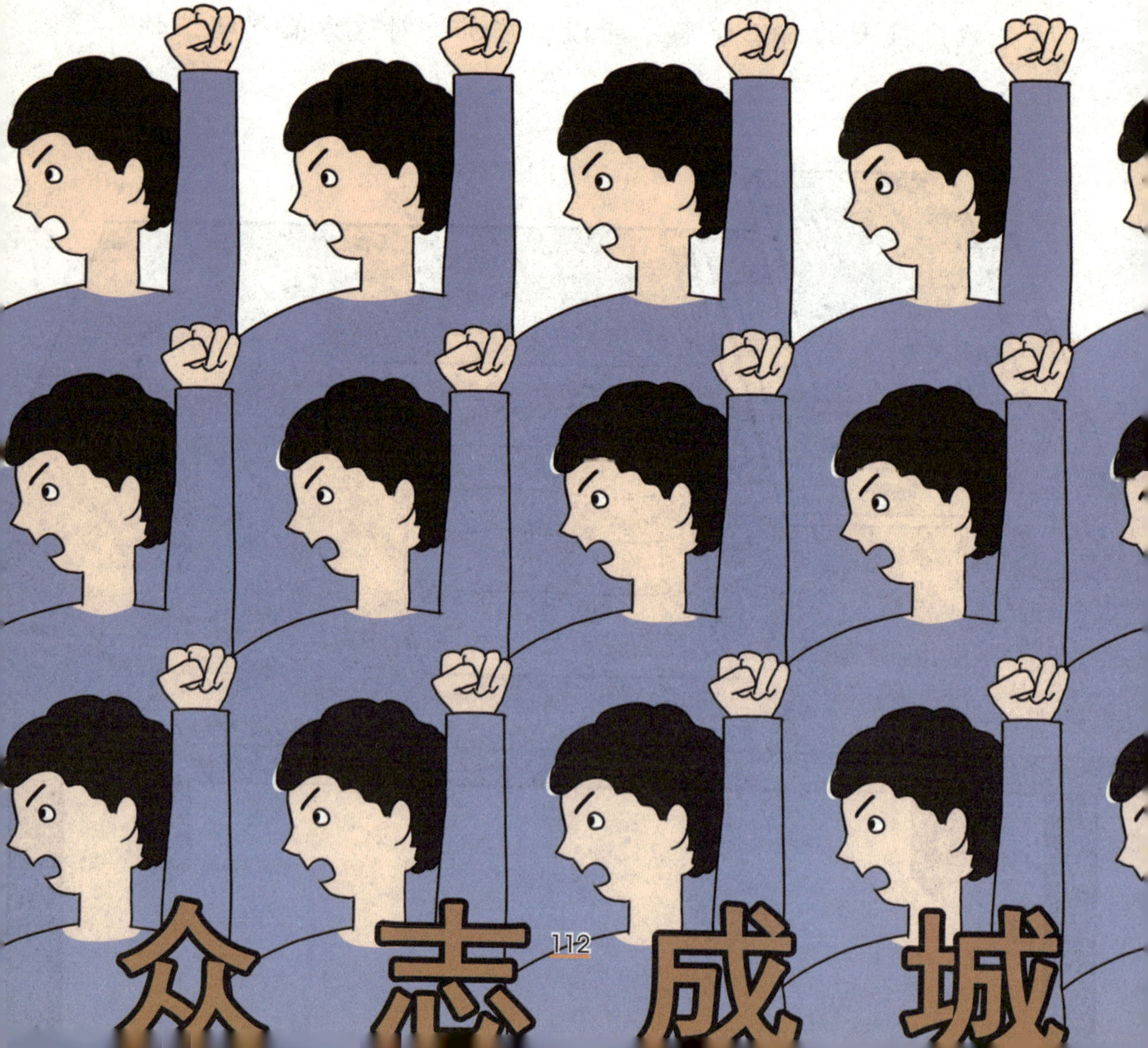

第五章

海啸来了怎么办

自然灾害具有难以预测的特性，海啸也是如此，当海啸突然来临，我们该怎么办？了解海啸的自救常识非常有必要，这不只是知识面的扩充，关键时刻还可以救命。

1.收到海啸警报后怎么办

地震是海啸最明显的前兆。如果你感觉到较强的震动，不要靠近海边、江河的入海口。若听到地震在附近发生的报告，要多注意电视和广播新闻，同时要为预防海啸做好充分的准备，因为，有时地震发生几小时后，离震源上千千米远的地方就已经遭到海啸的侵袭了。

在接到海啸警报后，为了避免发生漏电、火灾等事故，应该立即把电源切断，把燃气关闭。

如果你正在学校上课，收到海啸警报时，要主动听从老师和学校管理人员的指示，采取相应的避难行动。

如果你正在家里，收到海啸警报时，应迅速把所有的家庭成员召集起来，撤离到安全的区域，千万不要因为顾及家中的财产而丧失了逃生时间，同时，对当地救灾部门的指示要予以积极的响应。

如果你正在海岸边，当收到海啸的警报时，要立即向附近的高地或是其他安全的地方撤离。同时，通过电视或收音机等通信手段掌握最新信息，在海啸警报没有解除以前，千万不要靠近海岸。

海啸在海港中造成的落差和湍流非常危险。收到海啸警报后，在港湾的船舶不要继续停在港口，应该立即驶向深海区域，海上船只不要回港或靠岸，要立即驶向深海区。假如来不及开出海港，停泊在海港里的船只中的人要马上撤离到安全的高地。

2.海啸来临如何自救

海啸来临时，假如你已经来不及转移，可以暂时躲避到修建于海岸线附近的一些坚固的高层建筑的上部。但是，千万不要躲进海边低矮的房屋里面，因为这些房屋在海啸面前，往往不堪一击。

海啸来临时，倘若你不幸落入水中，千万不要惊慌失措，应该镇定地观察周围是否有木板、树枝等漂浮物，如果有，要尽可能地将其抓住；尽量让身体漂浮在水面上，不要举手，不要胡乱挣扎，除非你能游回到岸上，否则要尽量保存体力；如果你感到口渴，千万不要喝海水，那样只会越喝越渴；如果海水的温度偏低，千万不要把衣服脱掉；如果你附近还有其他落水者，要尽可能靠在一起，并且互相鼓励、互相帮助脱险。

如果海啸来临时，你正处在船舶甲板上来不及撤离，为了避免被甩进海中，应紧紧抓住船上牢固的物体。

3.如何抢救落水者

落水者获救后，为避免溺水者窒息，对其口腔、鼻腔和腹内的吸入物，要及时进行清除。具体做法是把溺水者的肚子置于施救者的大腿上，施救者按压溺水者的后背，让其吐出海水等吸入物。

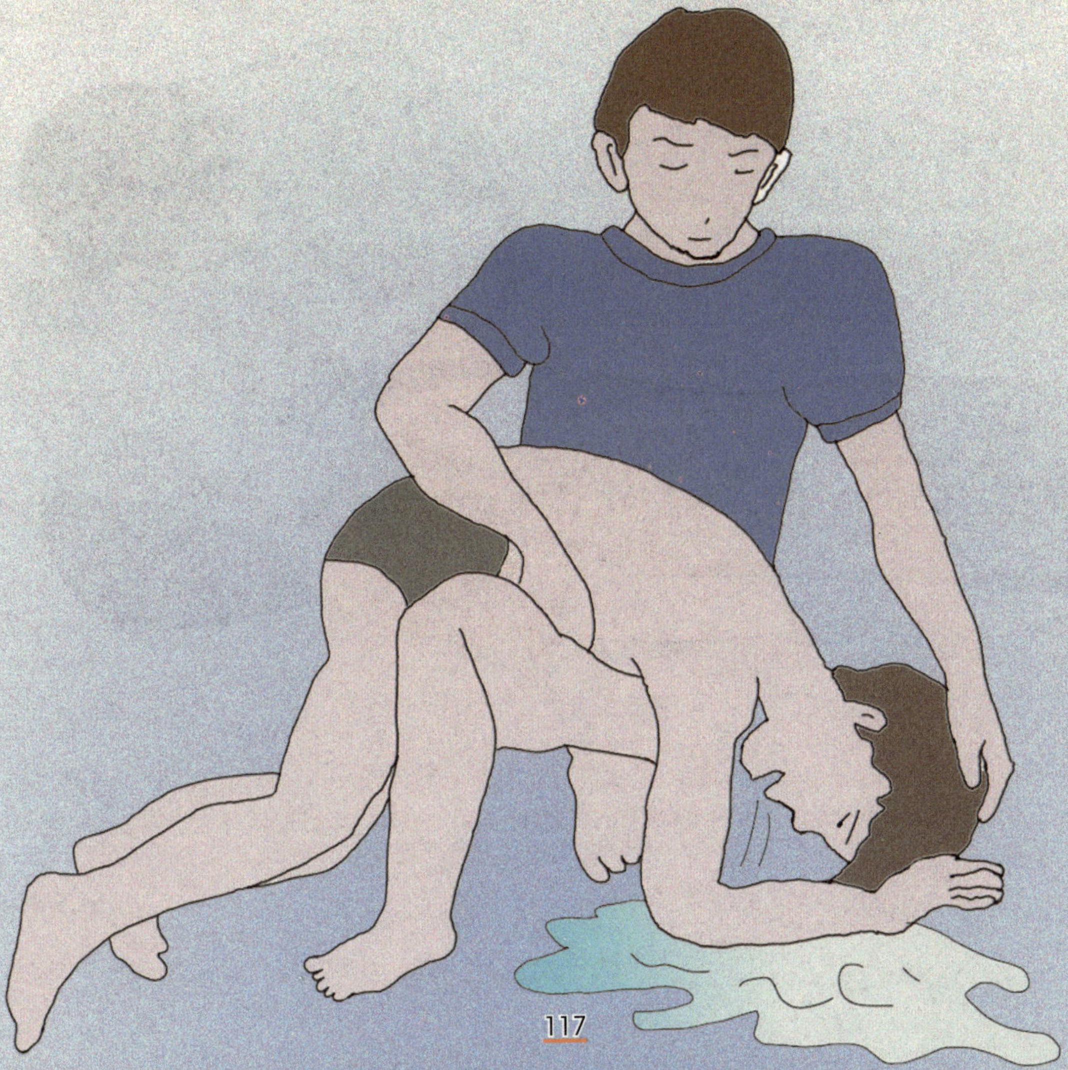

同时，尽快恢复落水者体温，如披上大衣、毛毯或被子等保暖物，或直接进入温水里面浸泡。不要对其进行局部按摩，不要让落水者饮酒，可以适当地给他喝一些糖水。

倘若落水者受了伤，应该立即对其采取急救措施，如止血、包扎、固定等；倘若落水者受伤比较严重，应当及时将其送到医院进行抢救。

倘若溺水者被救上来后，已经停止了心跳、呼吸，应该立即对其进行心肺复苏。

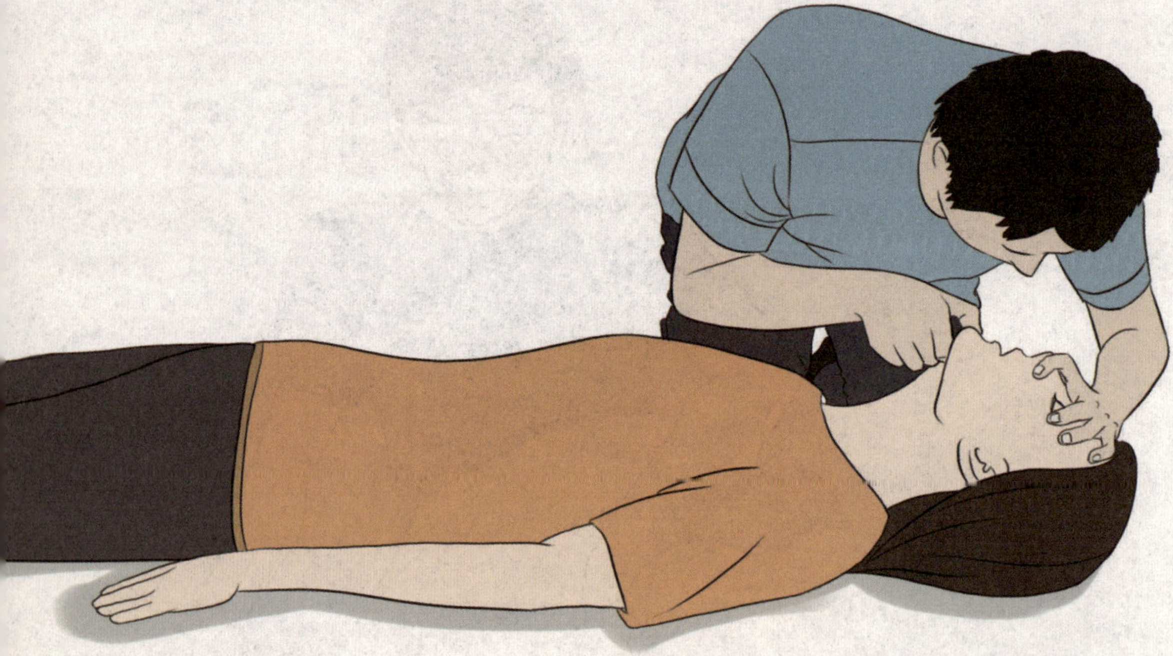

4.永远不要放弃生的希望

生命是可贵的，世界因生命而精彩。面对灾难，要坚定信念，勇于与灾难作斗争，永远不要放弃生的希望。

18岁女子靠吃野果坚持45天

印度洋海啸造成的灾难是难以想象的，人们的生命财产受到了严重的威胁与破坏，但也有奇迹发生。有一名女子在海啸发生的45天后获救。

这名女子名叫杰西，生活在印度安达曼群岛。她的丈夫和一岁大的儿子在海啸中失踪，她跑进森林，躲过了海水的冲击，靠采食野果和椰子为生。

45天后当她走出森林时，发现原来生活的村庄和房屋被冲走了，岛上的人已经转移或者被海啸冲走。她晕倒在海滩

上，幸好被路过的人发现，把她送往康柏港，接受了紧急治疗。45天里她只是靠吃野果、椰子和一些淡水才得以存活下来。

杰西的经历告诉我们，在灾难来临时，切不可放弃生的希望。

七天七夜船底求生

印度尼西亚渔民索菲安可能是印度洋海啸搜救行动中最后一个生还者。索菲安被发现时，他已经7天没吃没喝了，身体严重脱水，几乎无法说话，身上还有割伤。据目击者描述，海啸袭来之时，24岁的索菲安正在苏门答腊岛的海边打渔。结果船被海水掀翻在海滩上，他本人则被倒扣在船下。据救援人员说，像索菲安这样能够坚持一周之久的幸存者的确非常罕见。

第六章

世界海啸灾难实录

自人类诞生以来，海啸便与人类结下了“不解之缘”，直到现在，已经有大约260次破坏性海啸被记录下来。在这一章中，我们挑选一些较为典型的海啸案例，与大家一起回顾那些令人惊心动魄的时刻。

记住灾难，方可吸取教训，总结经验。当我们再与海啸不期而遇时，我们才能从容不迫，防灾避险。

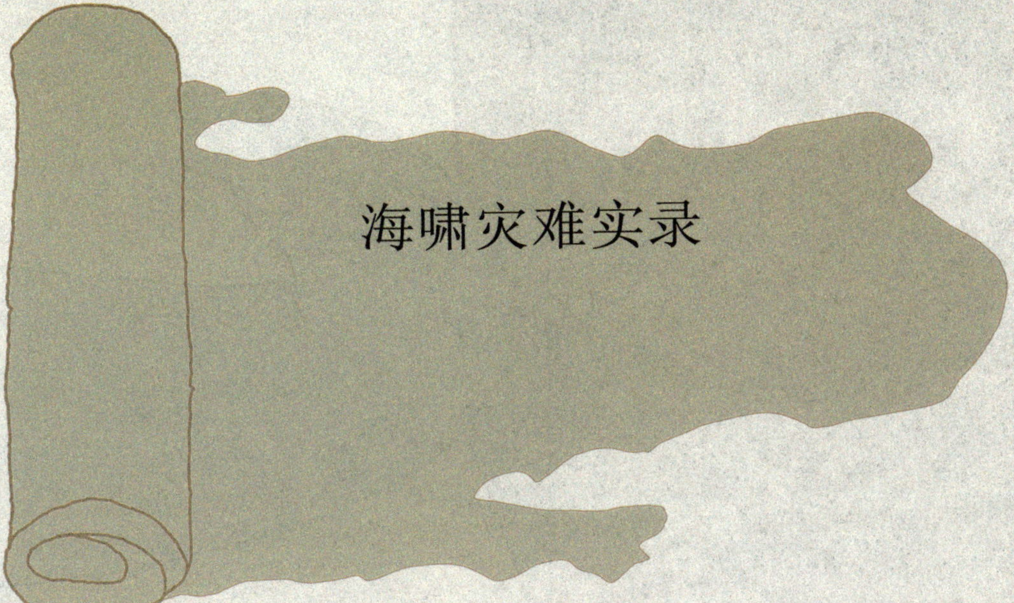

1.1755年里斯本地震海啸

1755年里斯本地震海啸是欧洲近代史上最具破坏力的一次地震，也是欧洲迄今为止遭受的最大一次海啸。

地震发生于1755年11月1日9时30分，葡萄牙大西洋沿岸南端维森特角西南偏西方向200千米海底骤然爆发持续10分钟的大地震。震中的震动形成三次明显的高峰，最大震级接近里氏9级。

强烈的震波引发威力无比的海啸，以摧枯拉朽之势自震源海域向四周迅速扩散，形成的巨浪荡涤了葡萄牙沿海地区、西班牙大西洋沿岸、摩洛哥大西洋沿岸和马德拉群岛、

加纳利群岛、亚速尔群岛。稍后，海啸席卷法国沿海、英国、爱尔兰、荷兰甚至波及到比利时。与此同时，海啸跨越大西洋，于午后时间抵达安地列斯群岛，在安提瓜岛和马提尼克岛留下破坏记录，并使巴布达岛附近的海平面上升1米多高。海啸向东传播受到海峡的阻碍，令直布罗陀海平面骤然上升了2米左右，进入地中海以后其势头迅速减弱。

据记载，此次海底地震的震感区域达到160万平方千米，损失最为惨重的是葡萄牙首都里斯本。

里斯本位于特茹河北岸，距河口约9千米，港口深广，有27.5万人口，是当时世界上最为繁华的城市之一。

地震发生那天是基督教的万圣节，教民们多数在教堂里做弥撒，未去教堂的人们也多在家中。当地时间9时40分左右，里斯本陷入海底地震所带来的灭顶之灾。

地震发生时，人们最先感受到的是地面轻微的震颤，接着整个地面开始晃动，随后大厦墙体断裂，屋顶椽木脱落，大块的石头顺房屋四壁砸下来。在异常猛烈的震撼之下，片刻之间，烟尘四起，遮天蔽日。地震使大多数教堂化为废墟，期间被砸死的人不计其数。

由于强震开始时教堂正在做弥撒，各家也在做饭，导致震落的易燃物被点燃，最终形成全城规模的火灾。惊慌失措的人们在大火中奔逃，但因原本狭窄的街道已被坍塌物所堵塞，致使更多的人葬身火海。

侥幸逃脱的人们为了寻找安全的所在，纷纷逃往特茹河河岸地带，有的人还登上了岸边的船只，打算逃往更安全的

地方。恰在此时，地震引发的海啸降临。

据记载，河面突然隆起约6千米宽、迅速膨胀的大潮，卷起小山一样高的巨浪，咆哮着越过河堤，吞噬着拼命逃难的人们，许多船只被抛向空中，无数落水者被卷入海底。

随后发生了第三次强震和海啸的冲击，使里斯本的灾难达到了无以复加的境地。

这次地震海啸是人类史上破坏性最大和死伤人数最多的地震海啸灾难之一，死亡人数已经不能完全统计，估计有6~10万人。由大地震引起的各种灾难几乎将整个里斯本毁于一旦。

2.1835年康塞普西翁大海啸

智利位于南美洲西海岸，是一个地形狭长的国家，它西濒狭长的太平洋海沟，东倚高峻的安第斯山脉，刚好处于深渊与高山之间，其中，海沟附近是火山和地震最为活跃的地方。

智利常发生一种严重的自然灾害，即由海底地震、火山喷发引起的海啸。在漫长的历史长河中，海啸曾多次侵袭智利太平洋东岸的一些海滨城市，造成城市被毁，人员伤亡严重。

康塞普西翁——一座坐落在智利首都圣地亚哥以南420千米处的海滨城市，始建于1550年，此城市处于环太平洋地震带最活跃的地方。

近300年来，地震和由地震引发的海啸将康塞普西翁毁掉了三次，但是，每一次过后，都被重新建立起来。

1751年5月24日，在康塞普西翁城附近发生大地震，地震引发了海啸，市内被汹涌的海水冲击，康塞普西翁城第一次遭遇到无情的摧毁。1754年，在原来的城址上稍微挪动，新城重新被建立起来。然而，1835年，此城遭到了大地震的再次“光顾”，一场大海啸由此引发，这次，康塞普西翁城遭到毁灭性的破坏。在这次灾难发生后，新城被重建于原址上。1960年，多灾多难的康塞普西翁城遭受了第三次大海啸的袭击，这次，城市遭受的打击比第二次要轻一些，但是，也近乎为半毁灭性破坏。

康塞普西翁城，遭受的三次由大地震引发的大海啸灾难中，破坏性最大的是1835年发生的那次，即第二次。

1835年2月20日上午10时，大群海鸟纷纷朝着内陆飞

行，鸟儿这种异常行为似乎在向人们预示着什么。

11时40分，一场震中在比奥比奥河口海底的地震发生。在地震刚开始的时候，造成的影响还比较小，但是，仅仅在半分钟以后，大地就开始出现颤动，许多人因不能站稳而跌倒在地，这种情况持续了约一分半钟。然后，大地开始了一阵更为强烈的震动，经过两分钟的颠簸后，大地终于渐渐平静下来。这次地震是一次大规模的地壳升降运动造成的。在这次地震中，出现了海水猛烈下降，许多陆地突然隆起的奇景。康塞普西翁城的地面上，不管是城内，还是城外，到处有裂缝出现。受这次地震的影响，山岩发生了崩塌，发出了震耳欲聋的炸裂声，崩落谷底的土石有上万立方米。

在这次地震发生后的15分钟左右，岸边的海水突然发生了迅疾的消退现象，其后退距离竟有1 600米，以致出现塔尔卡瓦诺——康塞普西翁外港完全暴露于地表的现象，映入眼

帘的是欢蹦乱跳的鱼虾，挥舞着钳子横爬的螃蟹，搁浅的船只，甚至海底的岩石、珊瑚礁都能够看见。这种现象正是大海啸即将席卷而至的典型前兆。

果然，这种现象持续了大约有半个小时以后，海水去而复返。瞬间，有着排山倒海之势的波涛滚滚而来，浪潮与平时相比，竟高出10米以上，海滩在其摧枯拉朽之势下，被轻松占领，紧接着，陆地也受到强袭，城市里面不久便涌入了滚滚海水。然后，汹涌的浪涛冲上海岸，席卷了途中所能带

走的一切。海浪就这样以忽进忽退的形式，数次循环，而且，其破坏力一次比一次猛烈，造成的影响一次比一次惨重。

康塞普西翁城在遭受如此袭击后，已经完全成了一片废墟。

海啸的力量是不可抗拒的，当巨浪席卷而来时，很多人瞬间被卷入其中，这些被巨浪吞噬的人，或被抛到了空中，或被卷进了海洋的深处，消失得无影无踪了。在咆哮的大海面前，人类的力量显得那样的渺小。

这次地震海啸波及了智利南北长1 600千米，东西宽800千米的广大区域，除了康塞普西翁城之外，奇廉、塔尔卡瓦诺等城市也遭到了海啸的袭击。

震后第13天，也就是3月4日，被摧毁的康塞普西翁城来了一位正在做环球旅行的英国生物学家——达尔文。此时，尽管这里已经平静下来，但是，灾后千疮百孔的景象仍惨不忍睹：海滩上到处散落着建筑物的各种零件，如门窗、床板、书架、木梁、屋顶，还有被打翻的船只的帆、桨、船骸，还有各种商品，如成包的茶叶、棉花等，整个海滩成了垃圾场。面对着残破不堪的康塞普西翁城，达尔文在其游记中发出了这样的感叹：“人类用无数时间和劳动建树的成绩，只在一分钟内就被毁灭了！”

海啸过后，智利政府开始重视地震、海啸的研究和预测，以防类似的灾难再次发生。

3.1896年日本本州大海啸

日本列岛常常是地震和海啸“光顾”的地方，在日本漫长的历史长河中，各种灾难占据了重要的地位，其中，较为严重的就是地震和海啸。1896年发生在日本本州的大海啸，给日本带来了极为严重的损失。

1896年6月16日（农历五月初五），这一天是日本的男孩节，也是公休日，按照惯例，人们要给孩子举行庆祝仪式。许多人将海滩作为庆祝的地点。

中午时分，人们突然感到大地在震动，显然，不知何处发生地震了。地震对于日本人已经习以为常了，但是，大多数人还是及时有序地疏散到了附近的小山上。

人们俯瞰着表面显得很平静的海洋，静静地等待着，雨不知道何时下了起来。直至黄昏时分，大雨才渐渐停歇下来，雨后的空气显得异常清新，落日的余晖将天空打扮得绚丽无比，为这个不平凡的节日增添了光彩。人们纷纷回到了海滩，沉浸在节日的快乐中。

傍晚7时30分左右，接二连三的地震再次发生在本州东北沿海一带，然而，这种厄运即将降临的先兆并没有引起人们的警觉。

晚上8时30分左右，经过连续小地震引发的海啸终于降临：在古怪的嘶嘶声中，沿岸的海水似乎被海怪吞噬，突然消退得无影无踪。随海潮一并消失的，还有那些原本停泊在港口的此时却像脱了缰的野马的船只。

随即，一阵轰隆隆的巨响传入人们耳中，响声越来越大，如万马奔腾，人们还没有反应过来发生了什么事，汹涌的大海浪席卷而来，高达34米，时速达到800千米。看到这种情况，人们才想起要逃往高处，但是，已经来不及了，人奔逃的速度怎么比得上海浪的速度？于是，海滩上的人们完全被海啸吞噬了。

接下来，海啸以迅雷不见掩耳之势冲向陆地，吞没了一座座城镇。其中，位于海边的釜石镇消失于10米高的巨浪下，死亡4 700人；往北9千米的二见村，死亡6 000人；山田村死亡3 000人。在较远的神户，海浪的尾部击沉了两艘轮船，船上178人全部遇难。在其他一些地区，死于此次灾难的有近1万人。

这次在本州海岸登陆的海啸，使得长达160多千米的东北沿岸被洗劫，160多千米的内陆被席卷，1万多间房屋被卷走，2 000多座建筑设施被冲毁，3万多人葬身海底。

4.1908年墨西拿地震海啸

墨西拿位于地中海的西西里岛东端，是著名的旅游胜地。早在公元前8世纪，墨西拿就已经是西西里岛最繁华的城市，此后一直是意大利重要的军港和商港。这座风光秀美的城市曾屡受地震之苦，其中遭受损失最为惨重的是1908年的地震海啸。

1908年12月28日凌晨，墨西拿海峡深处发生了一次轻微的地震，随后，接二连三的强烈地震接踵而来，使墨西拿陷入灾难的深渊。

地震发生后，整个墨西拿一片狼藉：珍藏着无数珍宝的西西里大教堂化为废墟；人们精心创作的圣玛利亚雕像不复存在；拥有大量存款的意大利银行变成了一堆瓦砾；无以计数的民居、监狱、军营倒塌。

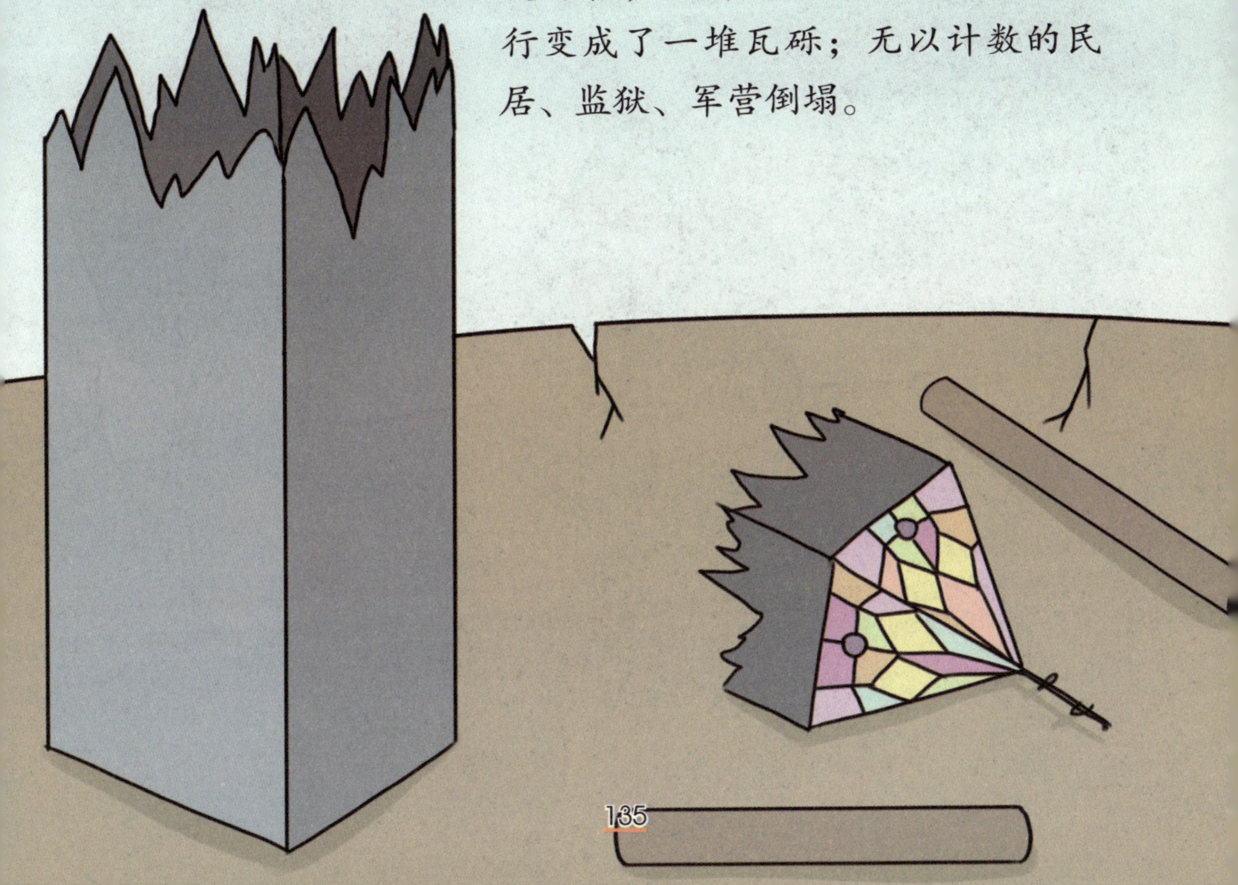

地震停止后，它所引发的次生灾害才刚刚开始：水管爆裂、煤气爆炸、熊熊烈火对侥幸逃脱的人们围追堵截，导致更多的人死去。然而，噩梦才刚刚开始，源于墨西拿海峡中间的海底震中的巨大海浪正在迅速向墨西拿推进。当它抵达沿岸时，掀起了滔天巨浪。汹涌的海浪挣脱海岸的束缚，冲进街区，扫荡着临海的房屋和船坞，吞噬着无助的生灵。

在墨西拿对岸大陆的雷焦卡拉布里亚同样遭到了海啸的袭击，海啸冲进市区，席卷了敢于阻挡其前进的一些东西。

据统计，地震及地震引起的巨大海啸，使墨西拿和雷焦卡拉布里亚及其方圆190千米的城镇、村庄遭到严重破坏，或者彻底毁灭。墨西拿市14.7万人口中，有约803万人丧生。雷焦卡拉布里亚的3.4万人口中，有2.5万人丧生。与其他受灾城镇死亡人口加在一起，死亡总人数超过16万。

5.1946年美国夏威夷大海啸

1946年4月1日凌晨，在乌尼马克岛东南145千米处的北太平洋海底3.6千米深处，一场灾难正在酝酿。1时30分，阿留申海沟北坡发生海底滑坡，引发了一场特大海底地震。

地壳的剧烈震动在阿留申海沟中形成了一个巨大的陷窟，当这块海底底层塌陷后，海水猛地被吸入其中。海水的迅速流动引发了海啸，巨大的海浪向外辐射到太平洋上，位于震中附近的乌尼马克岛首当其冲，被时速116千米，高35米的巨浪吞噬。

海浪继续以极快的速度向南推进，当时海啸的时速高达780千米，经过4个半小时的长途奔袭后，直逼夏威夷群岛。当海啸到达岸边浅水水域时，其海浪之间的距离缩短，速度加快，造成水位急剧上涨，高达15米的巨浪以极大的破坏力向夏威夷群岛的海岸扑去。

这次海啸造成159人丧生，1 400多栋房屋被摧毁，许多农作物受损，一些岸边的公路和铁路被冲垮。据估计，这次灾难造成的损失达2 600亿美元。

6.1958年查理湾大海啸

查理湾位于阿拉斯加南端，这里海岸线曲折，向陆地深深地凹陷进去，这个海湾纵深不足11千米，最大宽度只有3.2千米。然而，这里曾经掀起过有史以来最大的海啸，其波峰高达500多米。

1958年7月9日晚上10时左右，查理湾深处的费尔韦瑟断层突然发生运动，大地随之出现了数次像痉挛一样的剧烈震动，时间大约持续了14分钟。地震使海湾一端高耸的悬崖发生山崩，随之引起大片悬崖倾倒下来。大片巨大的石块落进

吉尔伯特湾的海面上，海水骤然受到冲击，形成了高速运动的巨大波涛。

巨大波涛在海水中快速向南挺进，波峰首先到达的地方，是靠近马德斯莱德河口附近的查理湾南岸的一片悬崖。接着又向北反射回去，几经波折，巨大的波浪才冲出海湾。

据相关专家测定，巨浪扑到山坡上的高度高达516米，凡巨浪所及之处，大部分茂密的树木和土壤一起被咆哮的波涛一扫而光，合抱的参天大树被从根部扭断。海湾口附近，有一株直径1米以上的大树，在靠近根部的地方被切断了。

查理湾大海啸充分体现了海啸的狂野性格和巨大的破坏力。所幸的是，查理湾一带人烟稀少，没有酿成悲剧的灾难事件。

7.1960年智利大海啸

1960年发生在智利的地震海啸，是世界上影响范围最大、最严重的一次海啸灾难。

根据现代板块学说的观点，智利处于太平洋板块与南美洲板块相互碰撞的地带，由海底地震、火山喷发引起的海啸，是智利一种常见的自然灾害。在历史上，智利和太平洋东岸的一些海滨城市，曾多次遭到海啸的侵袭。

1960年5月21日凌晨，智利蒙特港附近海底突然发生地震。此次地震极为罕见，有震级高、持续时间长、波及面积广的特点。直至6月23日，大地震持续了一个多月，在这段时间内，不同震级的地震先后发生了225次，其中，有10余次的地震震级都在7级以上，有3次地震的震级在8级以上。

5月21日，在地震刚开始发生时，大地还只是轻轻颤动，其振动比较轻微。但与以往的地震不同，这种颤动的发生是连续不断的。开始时，地震的来势不那么凶猛，人们还有时间进行躲避，没有造成太大的伤亡。

接着，出现了震动越来越剧烈，震级越来越高的地震。人们在强烈的震动下，无法站稳，摇摇晃晃地跑向室外。这时候，一些不太结实的房屋被震裂、震塌，许多人被砸伤或被压死于倒下的房屋或其他坠落物下面。当这样的震荡持续不断地进行了2天后，人们就产生了松懈麻痹的心理，同时，由于其破坏力不是很大，人们对于地震的恐惧不再像刚开始那样强烈，甚至有人搬回了那些被震裂的房屋居住。

5月22日下午19点11分，忽然地声大作，震耳欲聋。地震波像数千辆隆隆驶来的坦克车队从蒙特港的海底传来。不久，大地便剧烈地颤动起来。这次地震，是世界地震史上一次震级最高、最强烈的地震，震级达8.9级（后修订为9.5级）。它发生在位于太平洋智利海沟、蒙特港附近海底，影响范围在南北800千米长的椭圆内。这场超级强烈的地震持续了将近3分钟之久，给当地居民带来了严重的灾难。

大地震过后，海水忽然迅速退落，露出了海底，那些鱼虾蟹贝等海洋动物，在海滩上拼命挣扎。一些有经验的人们知道大祸即将来临，纷纷逃向山顶，或登上搁浅的大船，以躲避即将发生的新劫难。

大约过了15分钟后，海水又骤然而涨。顿时波涛汹涌澎湃，滚滚而来，浪涛高达8~9米，最高达25米。呼啸着的巨浪，以摧枯拉朽之势，越过海岸线，袭击着智利和太平洋东岸的城市和乡村。那些留在广场、港口、码头和海边的人们顿时被吞噬，海边的船只、港口和码头的建筑物均被击得粉碎……

随即，巨浪又迅速退去。所过之处，凡是能够带动的东西，都被潮水席卷而走。海潮如此一涨一落，反复震荡，持续了将近几个小时。太平洋东岸的城市，刚被地震摧毁变成了废墟，此时又频遭海浪的冲刷。那些掩埋于碎石瓦砾之中还没有死亡的人们，却被汹涌而来的海水淹死。太平洋沿岸，以蒙特港为中心，南北800千米，几乎被海浪“洗劫”一空。

在这次大海啸的灾变中，除智利首当其冲之外，还涉及到相当广泛的地区。太平洋东西两岸，如美国夏威夷群岛、日本、俄罗斯、中国、菲律宾等许多国家与地区，都受到了不同程度的影响，有的损失也十分惨重。

地震发生后，海啸波又以每小时700千米的速度，横扫了西太平洋岛屿。仅仅14个小时，就到达了美国的夏威夷群岛。到达夏威夷群岛时，波高达9~10米，巨浪摧毁了夏威夷岛西岸的防波堤，冲倒了所有建筑设施，淹没了大片的土地。

不足24小时后，海啸波走完了大约1.7万千米的路程。到达了太平洋彼岸的日本列岛。此时，海浪仍然十分汹涌，波高达6~8米，最大波高达8.1米。翻滚着的巨浪肆虐着日本诸岛的海滨城市。本州、北海道等地，停泊在港湾的船只、沿岸的港湾和各种建筑设施，遭到了极大的破坏。临太平洋沿岸的城市、乡村的一些房屋以及一些还来不及逃离的人们，都被这突如其来的波涛卷入了大海。这次由智利海啸波及的灾难，造成了日本数百人的死亡，冲毁房屋近4 000所，沉没船只逾百艘，沿岸码头、港口及其设施多数被毁坏。

在菲律宾群岛附近，由智利海啸波及的巨浪也高达7~8米左右，沿岸城市和乡村居民遭到了同样的厄运。中国沿海由于受到外围岛屿的保护，受这次海啸的影响较小。

总之，智利大海啸对太平洋沿岸大部分地区，都造成了不同程度的破坏，其影响范围之大，为历史所仅见。

8.1964年阿拉斯加地震海啸

阿拉斯加州位于北美大陆西北端，东与加拿大接壤，另三面环北冰洋、白令海和北太平洋。作为美国最大的一个州，它远离美国本土，相对于美国其他各州，这里地广人稀。

1964年3月27日，在濒临阿拉斯加湾的安克雷奇东南约480千米处，威廉王子海峡下方30千米，发生了美国历史上最强烈的地震。这里的岩层突然发生了水平破裂，长度达500千米，与阿留申海沟几乎平行。与此同时，海底的断层滑动导致垂直位移，大约有20万平方千米的地壳因此发生了形变。

威廉王子海峡的这次断层滑动，导致了一场8.6级的特大地震，震区覆盖面积达30万平方千米。地震首先袭击了安克

雷奇，并向南波及西雅图、华盛顿以及加利福尼亚州的克里圣特市。

阿拉斯加海底这种沿破裂断层发生的突然向上运动，引发了巨大的海浪。地震后19分钟，海啸的第一个波峰袭击了基奈半岛海岸，在34分钟后又袭击了科迪亚克岛。

接着，海啸冲向岸边，海水瞬间淹没了瓦尔德斯市3/4的地区。科迪亚克岛同样遭到了海啸的袭击，5米多高的海浪冲向陆地，摧毁了岛上大部分商业中心。

值得庆幸的是，阿拉斯加地震海啸造成的人员伤亡不大。据统计，仅有131人死亡，这主要是因为阿拉斯加的人口密度不大，但是，地震造成的财产损失十分惊人。整个阿拉斯加75%的工商业被摧毁，估计损失达5亿美元。

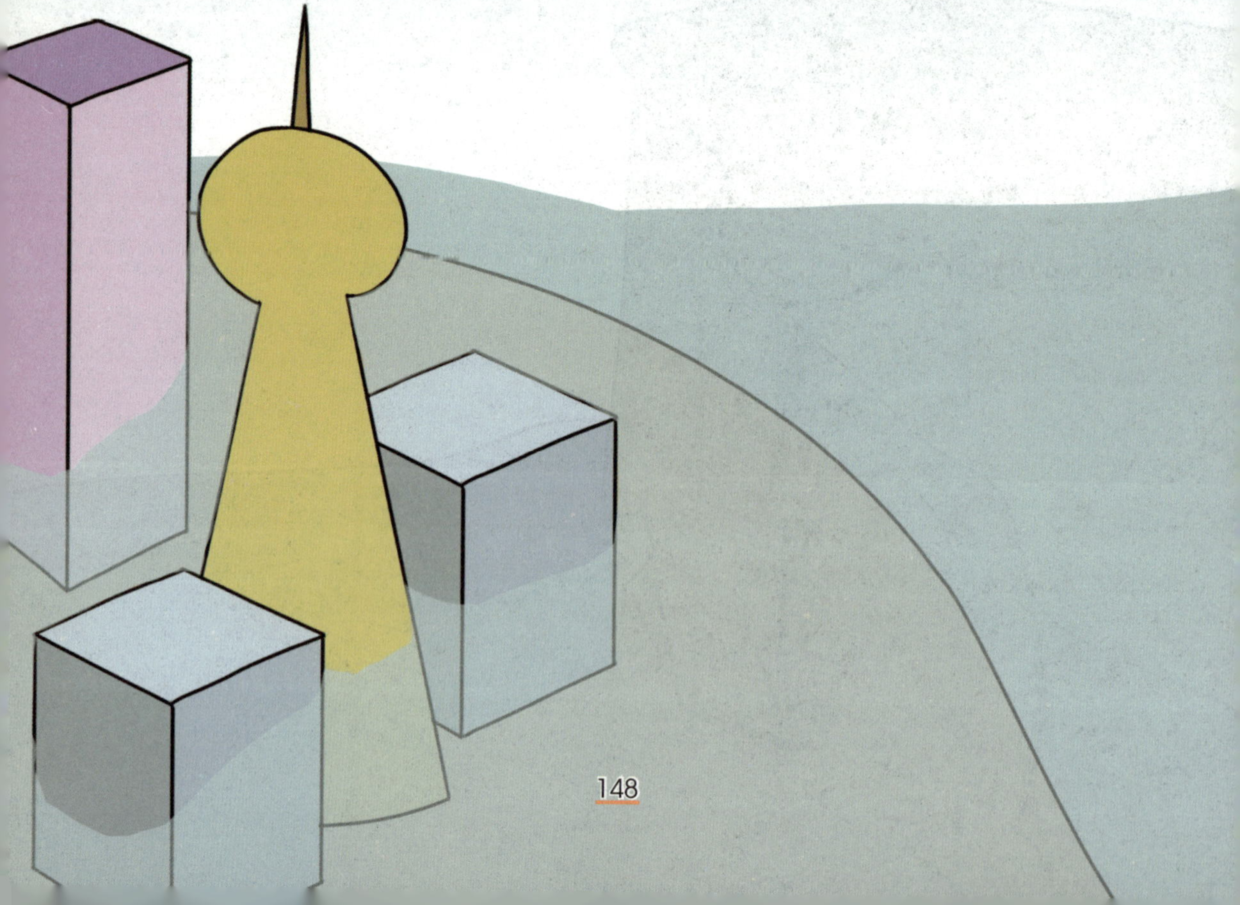

9.1998年巴布亚新几内亚大海啸

1998年7月17日18时51分，西太平洋距离巴布亚新几内亚西北海岸12千米的俾斯麦海域发生了里氏7.1级地震。20分钟后又发生了一次地震，震级为里氏5.3级。两次地震的震中均在海底20千米处。之后一切似乎又恢复了平静。

这样规模的地震在这个地区每年总会发生一两次，太平洋海啸预警中心对这次地震也进行了成功的预报，但预报中却断言地震不会使太平洋地区发生海啸。住在巴布亚新几内亚西北海岸与西萨诺泻湖之间狭长地带的近万村民，浑然不知更大的灾难即将临头。

突然，一种异样的隆隆声由远而近，很多村民都以为那不过是一架喷气式飞机飞临，纷纷出来看热闹，转眼间，20千米长、10米高的巨浪就呼啸着横扫而来，绵延横亘在西萨诺泻湖与海滩之间的7个村庄顿时被淹没在海浪之中。仅仅几分钟，西太平洋这座风光迷人的度假乐园便变成了人间地狱。

此次地震海啸造成7 000多人死亡或失踪，生还者中7成以上是成人，小孩幸免于难的极少。

这场灾难提醒人们：相对较小的地震也会因为引起岩体滑动而引发巨大的海啸，造成巨大的灾害。

10.2004年印度洋大海啸

印度尼西亚当地时间2004年12月26日上午7时58分，苏门答腊岛亚奇特别区附近海域发生了8.9级地震。地震引发的海啸席卷了印度洋各国。所涉及地区除了印度尼西亚外，还有从东向西沿途的马来西亚、泰国、缅甸、孟加拉国、印度、斯里兰卡、马尔代夫，非洲的索马里、肯尼亚、坦桑尼亚。

印度尼西亚位于亚洲东南部，首都是雅加达，全国岛屿众多，有人居住的岛屿约为6 000个，人口总数为2.17亿人。这里四季都是夏天，环境优美，风景宜人。但是，这里火山和地震频发。

在这次大海啸中，印度尼西亚受灾最为严重，海啸的滔天巨浪如同恶魔般呼啸着拍向海岛及大陆，一瞬间，众多岛屿成了海啸肆虐的游乐场。海水所到之处，房屋、建筑无一幸免，其中包括清真寺2 580座，学校1 662所，市场和售货亭1 416个，政府大楼1 412幢以及医院诊所693栋。人员更是伤亡惨重，遇难及失踪人数达24万人。

斯里兰卡是印度洋上的岛国，首都科伦坡，全国面积6.5万平方千米，人口1 900万人。这里是一个旅游胜地，有着浓郁的热带岛国风情及气息，犹如一颗镶嵌在印度洋上的璀璨明珠。

在这次海啸中，斯里兰卡是受灾最为严重的国家之一。海啸来临时，高达10米的巨浪呼啸着冲向内陆，被冲毁的房屋碎屑及家具漂在海面上，交通、电力、供水和通信等一度中断。海啸使斯里兰卡全岛，包括首都科伦坡在内无一幸免，许多沿海地区被淹没，其中东部的亭可马里、拜蒂克洛、安帕赖和南部的马特勒、加勒地区受灾最为严重，这次海啸中斯里兰卡共计3万人遇难。

泰国位于亚洲中南半岛中南部，首都曼谷。岛上90%以上的居民信奉佛教，无论是建筑风格，人文风俗，文学艺术作品多与佛教有密切关系，被誉为“黄袍佛国”。

海啸来时，是普吉岛当地时间上午9时左右，大多数人

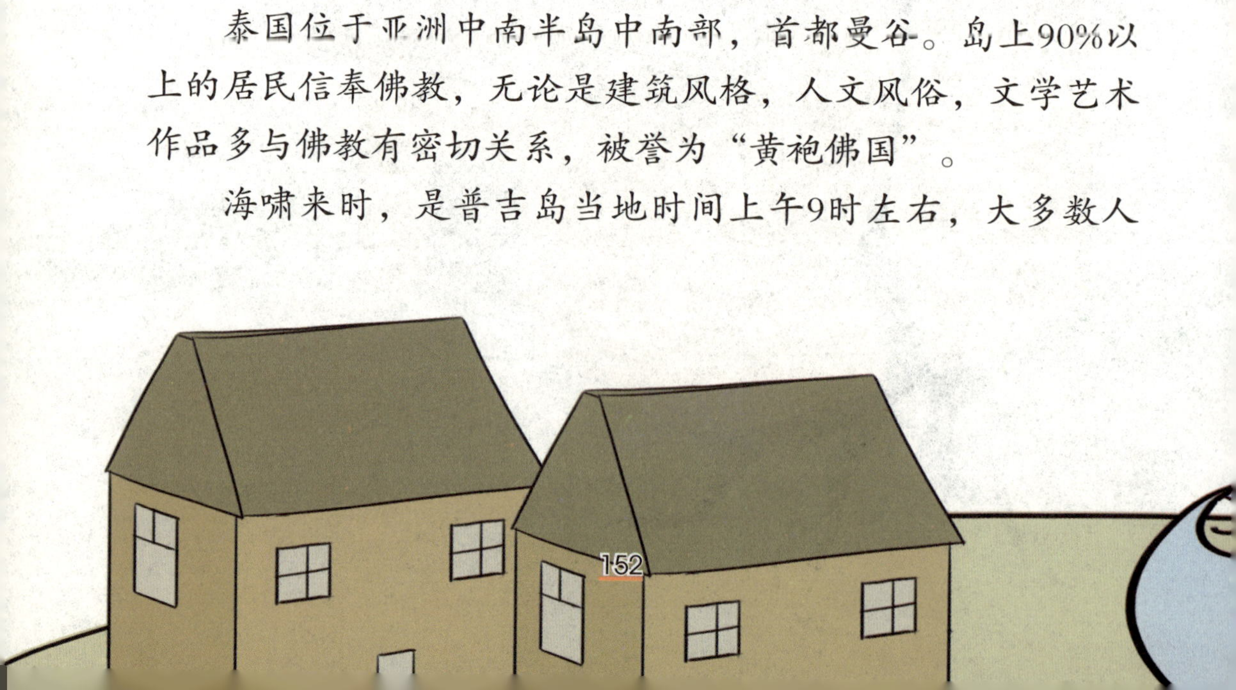

在海滩上玩耍。忽然间十几米高的巨浪冲击过来，普吉岛顿时变得一片狼藉，建筑被冲毁，树木被连根拔起，交通工具等物品漂在海。

据泰国官方公布，在这次海啸中，共计有5 000多人遇难。

印度面积近300万平方千米，海岸线5 560千米，这次海啸袭击了印度东南部四个邦，由于人口密度高，共计遇难者人数达1.6万人。

除此之外，马尔代夫、马来西亚、缅甸、孟加拉国，非洲的索马里、坦桑尼亚、肯尼亚等国家也都遭受了不同程度的破坏和伤亡，共计遇难人数500余人。

印度洋海啸无疑为人类敲响了世界性的警钟——对灾难的预报、防御和救治意识决不能忽视，而且要争取各种技术手段的提高，人们则要加强灾难的防治和自救常识，尽可能地避免灾害带来的伤害及损失。

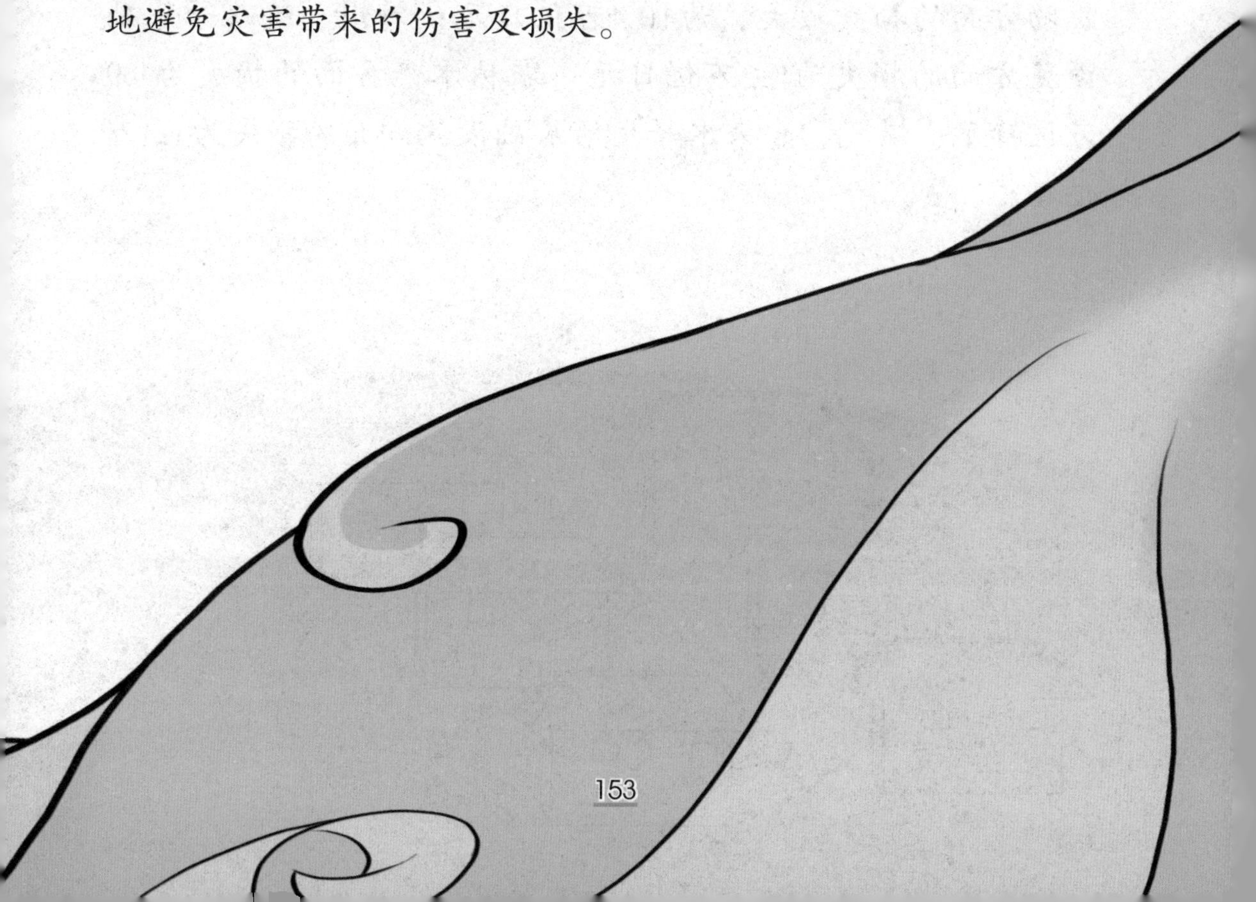

11. 2011年日本地震海啸

2011年3月11日，日本当地时间14时46分，日本东北部海域发生大地震。震中位于日本东北部宫本县以东太平洋海域，里氏震级达9.0级，是日本有观测记录以来规模最大的地震。

此次地震引发了海啸、火灾、核泄漏事故，导致地方机能瘫痪、经济活动停止，日本东北地区部分城市遭受毁灭性破坏。事后，日本内阁会议决定将这次地震称为东日本大地震。

经日本政府统计，此次地震海啸灾害造成的损失总额概算高达16.9万亿日元，约合1.36万亿元人民币。此概算中未包括因核电站事故造成的核污染等方面的损失额。其中，建筑物方面的损失最大，为10.4万亿日元；河川、道路等基础设施方面的损失为2.2万亿日元；农林水产方面的损失为1.9万亿日元；煤气、自来水等生活基础设施方面的损失为1.3万亿日元。